每日的後背包

絕對找得到你想要的包款！

BOUTIQUE-SHA◎授權

空出雙手，
更方便自由走，
也能和他手牽手！

使用背包不僅能空出雙手，讓活動更加方便，也是一種相當受歡迎的流行配件！

本書除了介紹各種注重機能性及設計感的背包之外，

還收錄了一些適合與背包一起使用的小配件。

只要跟著書中的詳細步驟圖解逐步實作，

即使是第一次製作的新手也可輕鬆上手。

看到喜歡的包款，就趕快動手作作看，享受帶背包出門的樂趣吧！

- 布料材料提供 -

INAZUMA ＜植村＞

CAPTAIN（キャプテン）

清原

COSMO TEXTILE

KOKKA

小林纖維

SUNOLIVE

日本紐釦貿易

Solpano

http://www.rakuten.co.jp/solpano/

home craft

- 線繩提供 -

FUJIX

- 布襯提供 -

Japan Vilene

- 用品提供 -

CLOVER

- 拍攝協助 -

AWABEES

背包實背尺寸
參考這裡！

模特兒身高 157cm

staff

編輯-矢口佳那子　泉谷友美
　　　松井麻美　菊池絵理香
作法校對-野崎文乃
攝影-藤田律子（情境彩頁）・腰塚良彦（製作步驟）
整體設計-牧陽子
插圖-加山明子
紙型-宮路睦子

contents

-關於原寸紙型-

＊本書內附一張原寸紙型。請參考P.33
「原寸紙型的使用方法」說明，將紙
型描繪至其他紙張上使用。

1

2

1・2
作法 - P.26（圖解教作）
基本款後背包

此款定番後背包有足夠的底部空間，收納能力非常出色。作品 1 以鮮豔的綠色帆布製作，作品 2 則選用以海軍藍為基底的細條紋布料。在 P.26 的圖解教作單元中，將以簡單易懂的方式進行作法解說，一定要試著作作看喔！

內側也有便利的內袋。

背面

為了呈現經典印象的設計，底部以麂皮風格的布料製作。

1 表布・裡布・織帶・口型環・日型環／清原
2 表布（AY7044-6） 2 裡布（AD7500-KN）
1 配布（GD1100-24） 2 配布（GD1100-5）／
COSMO TEXTILE
豬鼻方標／INAZUMA
製作者／金丸かほり

$\underline{3}$

3 · 4
支架口金後背包

作法 - P.40

由於支架口金後背包的袋口能夠大幅度地打開,因此極受歡迎。也因為背包本體為實用的方形,即便放入筆記本或文件,也不會有破壞包型產生摺角的問題喔!以北歐風印花布料製作的作品3帶著清純少女感,採用尼龍布料的作品4在加上標籤後,則顯得相當帥氣。

背面

3 表布／KOKKA
4 表布・織帶・D型環・日型環／清原
4 裡布／COSMO TEXTILE（AY7050-3A）
支架口金／INAZUMA
4 布魯克林風電繡標籤／SUNOLIVE
製作者／清野孝子

4

作品**4**的內裡以格子牛仔布加強整體印象。

5

5・6 作法 - P.36
後背式托特包

托特包的魅力在於簡單俐落的外型。作品 5 以較厚的尼龍布製作,並加上標籤營造時尚感。作品 6 則選用白色 & 深藍色相間的條紋布料,令人忍不住想穿搭出海洋風格的造型呢!

作品 5 以條紋布料作為裡布。

加上防止底部污損的腳釘,看起來也很時尚!

5・6 表布・織帶・口型環・日型環／清原
5 裡布／home craft
5 布魯克林風電繡標籤・
腳釘／SUNOLIVE
製作者／小林かおり

6

背面

表布／小林纖維
雞眼釦・繩子／清原
製作者／神谷智子

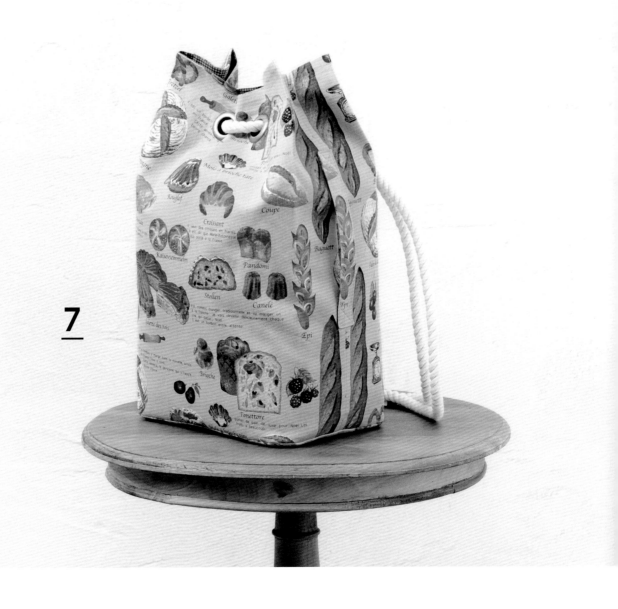

7

7
束口後背包

作法 - P.46

將繩子穿進大型的雞眼釦中,作出宛
如束口袋般的背包。此作品以看起來
很好吃的麵包圖案印花布製作。

只要一手抓住側面的提帶,就
能輕鬆地從背包中取出物品。

背面

市售後背帶／清原
製作者／小澤ぷ子

<u>8</u>

只要拉開背面側邊的拉鍊，就能更輕鬆地從背包中取放物品。

背面

<u>8</u>　　　　作法 - P.48

捲蓋後背包

此包款以北歐風的蝴蝶印花布襯托出時尚感。而以繞繩的方式加以固定＆呈現捲起狀的袋蓋，則是整體設計的重點。製作時則使用了可直接縫上的市售後背帶。

9

<u>9</u>
作法 - P.50

2way後背式托特包

這個迷彩圖案的後背包，不僅能以托特包的樣式來
使用，還可以扣起袋口的織帶，作出造型變化。由
於肩背帶內裡燙有棉襯，因此也具有緩衝減壓的作
用。

布料／COSMO TEXTILE
　　　表布（AP801-C）
　　　裡布（AD7500-24）
織帶（調節背帶）‧塑膠日型環／INAZUMA
製作者／金丸かほり

在袋口兩側添加上縫有子母釦的織帶。

背面

11

表布／KOKKA
裡布・織帶／home craft
防水蠟線・繩扣・口型環・
插扣・日型環／日本鈕釦貿易
製作者／神谷智子

10

10

作法 - P.43

插扣後背包

牛仔褲改造風的印花布不僅外型獨特，容量也很
充足喔！此袋口以抽繩縮緊，袋蓋則設計成以插
扣固定的樣式。

背面

裡布為宇宙感的星空印花布。

表布／小林纖維
織帶・D型環・日型環／日本鈕釦貿易
製作者／金丸かほり

11

11　　作法 - P.55
側邊口袋
方形後背包

檸檬黃×灰色，充滿運動感的後背包。位於
兩側的深口袋能夠收納摺疊傘或保特瓶，非
常方便。提把亦可以織帶固定。

背面

12

表布／小林纖維
D型環・勾釦／日本鈕釦貿易
製作者／小澤ぶ子

背面

<u>12</u>

作法 - P.62

肩背也OK！2way後背包

這個看起來圓滾滾的包型相當少見唷！而且功能性極佳，還可以作為斜背的肩背包來使用。只要開合拉鍊＆固定提把，就能簡單切換背包的背法。

想把後背包變成肩背包時……

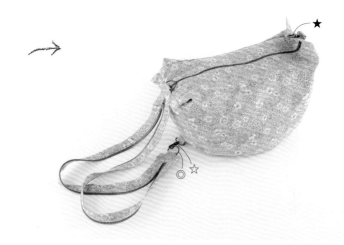

將★處的勾釦拆下，讓袋口處的拉鍊露出來。

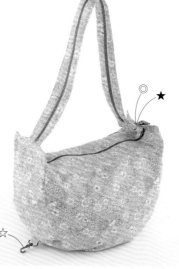

把◎處的D型環從☆的勾釦上拆下來，改成扣到★處的勾釦上，再將肩背帶上面的拉鍊合起來。

15

13表布／小林纖維
14表布／Solpano
圓繩／日本鈕釦貿易
製作者／神谷智子

14

13

13・14　　　作法 - P.58
簡易抽繩背包

大人也喜歡的抽繩背包，最令人開心的就是
——只要一直直線縫就可以完成了！作品**13**的
螢光粉紅亞麻布看起來非常活潑有朝氣，作品
14的森林印花布則營造出輕鬆的休閒氣氛。

表布／COSMO TEXTILE（AP71901-3C）
口金・市售後背帶／INAZUMA
製作者／小澤ぶ子

15

作法 - P.60

蛙口後背包

蛙口包有種圓鼓鼓又小巧的感覺，斑馬圖案也相當可愛。只要在背面縫上市售後背帶就可以完成，作法真的很簡單輕鬆喔！

背面

16

16   作法 - P.52
學生風後背包

這個發想自橫長形學生書包的後背包,是擁有三種背法的便利設計。還加入了布襯＆底板,得以作出筆挺美麗的外觀。

背面

以竹籃紋＆點點布料搭配組合。

斜背時呈現休閒感。

基本的後背法。

肩背時，則有大人的成熟感。

布料／COSMO TEXTILE
　　　　表布（MI39403-1）
　　　　裡布（CR8876-116）
D型環・日型環・勾釦・底板・
插鎖／INAZUMA
製作者／金丸かほり

布料・織帶・Ｄ型環・日型環・
勾釦・繩扣／清原
包邊帶／CAPTAIN
製作者／小澤ぶ子

17

17

作法 - P.65

購物專用後背包

在超市購物時，不用花時間把東西從購物籃中拿出來，只要背包一背就可以輕鬆帶走！不僅可以節省時間，時尚的設計感也魅力十足。

將袋口完全展開，套在購物籃上。

收緊兩側的繩子＆拉上袋口拉鍊。肩背帶則可自由拆裝。

背面

<u>18</u>

布料‧織帶／home craft
絨面字母貼布繡／清原
口型環‧日型環／日本鈕釦貿易
製作者／小林かおり

<u>18</u>　作法 - P.39
兒童款‧
後背式托特包

將P.6至P.7作品 **5‧6** 的包款作成兒童專用的尺寸。選用復古風格的牛仔布料，再以大大的絨面燙布貼營造出整體的格調。

為了搭配表布，裡布選用芥末黃的嘉頓格子布。

背面

布料／COSMO TEXTILE
　　　表布（SP1701-5B）
　　　配布（GD1100-271）
織帶／home craft
日型環・豬鼻方標／INAZUMA
製作者／金丸かほり

19

背面

19　　　　　作法 - P.68
兒童後背包

雖然是基本款設計的後背包，但銀河圖案
的外觀極具時尚感。此背包的作法與P.2至
P.3作品 **1・2** 包款相同，但改為兒童專用的
尺寸。

布料／COSMO TEXTILE
　　　（AP71303-3）
底板／SUNOLIVE
製作者／金丸かほり

20

置入P.13作品**11**包內的模樣。

20　　　作法 - P.70
背包收納分隔袋

可將總是亂成一團的背包內部收納整齊的便利
配件。因為夾入了底板，可以完整保持背包的
外型。請選用與表布對比強烈的布料來製作，
享受收納的樂趣吧！

21・22 作法 - P.72
手機收納袋

背著背包時，也能方便取出＆收納手機的袋子。可依自己喜歡的高度固定在肩背帶上。

21 表布／Solpano
22 表布／COSMO TEXTILE（AP801-C）
製作者／小澤ぶ子

21

22

使用時請將背面的織帶繫在背包的肩背帶上。

23・24・25 作法 - P.69
背包防滑胸扣帶

不僅能夠防止肩背帶滑落，還可以作為背包的裝飾重點。
因為更換方便，若能預先製作各色扣帶，就能發揮高度搭配性喔！

塑膠插扣／INAZUMA
製作者／小澤ぶ子

23

24

25

紙型A面

-材料-（1件）

- 表布（**1**帆布・**2**條紋布）110cm寬×80cm
- 裡布（棉布）**1**・110cm寬　**2**・106cm寬×80cm
- 配布（聚酯纖維麂皮布）50cm寬×30cm
- 布襯 90cm寬×90cm
- 織帶 3.8cm寬×2m30cm
- 拉鍊A（59.4cm）1條
- 拉鍊B（28cm）1條
- 口型環（內徑4cm）2個
- 日型環（內徑4cm）2個
- 豬鼻方標
  （BA-101 **1**・#540茶色
  　　　　　2・#4米黃色）1個

-紙型・製圖-

（粉紅色的部分）為原寸紙型。

-關於紙型-

◆原寸紙型A面I・2。
- 使用的部分…前・後袋身、口袋上・下片、裝飾布A・B、內口袋、前側幅、後側幅表布、後側幅裡布、側身。
- 提耳・肩背帶・吊耳皆無紙型。
  以上皆為直線裁的組件，只需在布料上直接畫線＆裁切即可。
- 肩背帶等織帶類的裁布圖未含縫份尺寸，
  請先外加口內標示數字尺寸的縫份，再加以裁切。

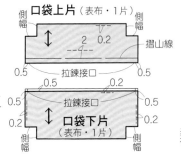

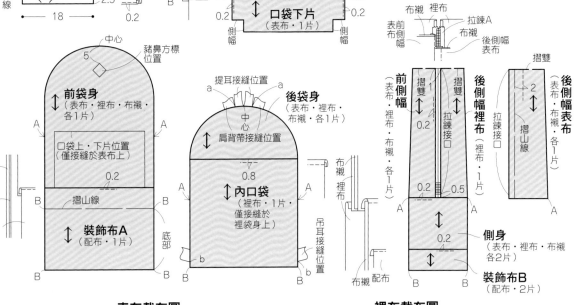

-表布裁布圖-

□＝布襯的燙貼位置

-裡布裁布圖-

-配布裁布圖-

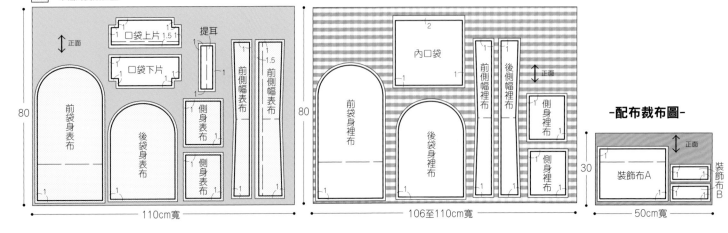

1 準備基本工具

★＝提供／CLOVER

縫紉機

白色牛皮紙

★裁布剪刀

裁紙剪刀

★線剪

★疏縫線

★點線器

★錐子

★拆線器

★方格尺

★布用複寫紙

★家庭用縫紉機車針

由於此作品表布選擇較厚的棉布來製作，因此需使用♯14（一般至厚布料專用）車針。

熨斗

★針插

★手縫針

★待針

2 備齊材料

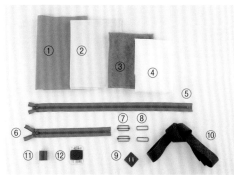

① 表布
② 裡布
③ 配布
④ 布襯
⑤ 拉錬A
⑥ 拉錬B
⑦ 日型環
⑧ 口型環
⑨ 豬鼻方標
⑩ 織帶
⑪ 60號車縫線
⑫ 手縫線

※為了使作法清楚易懂，在此將部分材料改以其他顏色製作。

3 製作紙型

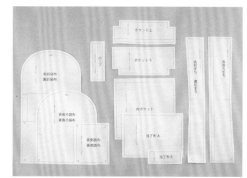

將紙型描繪到白色牛皮紙上。描繪時除了需將布紋、口袋位置、肩背帶位置等必要的記號一併畫到白色牛皮紙上（原寸紙型的使用方式參見P.33），也要記得另外加上裁布圖中標示的縫份，再將紙型剪下來使用。

4 裁布

依表布＆配布裁布圖，將紙型固定於布面上，再開始裁切。請使用裁布剪刀，沿著縫份將布料裁剪下來。

5 作記號

以布用複寫紙＆點線器，在布面上作出記號。（參見P.33）

6 裁布&作記號完成後

※在開始縫製之前，先將布襯燙貼至指定位置。

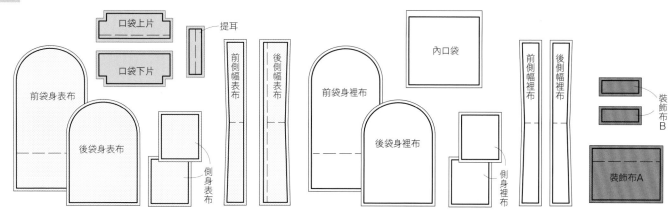

口袋上片　提耳

口袋下片

前側幅表布　後側幅表布

前袋身表布

後袋身表布

側身表布

前袋身裡布

後袋身裡布

內口袋

前側幅裡布　後側幅裡布

裝飾布B

裝飾布A

側身裡布

1.縫上豬鼻方標。

① 取2條手縫線，以回針縫將豬鼻方標接縫於前袋身表布上。

② 縫上豬鼻方標。

2.將拉鍊A接縫於側幅表布上。

① 在前・後側幅表布的袋口位置摺出摺痕。

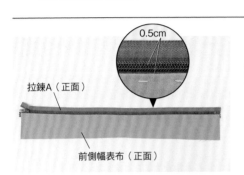

② 將前側幅表布＆拉鍊A重疊在一起，以疏縫線暫時固定。

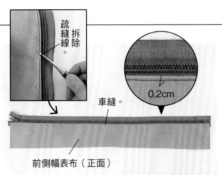

③ 車縫固定後，以錐子拆除疏縫線。

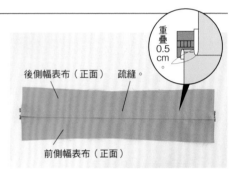

④ 將拉鍊A＆後側幅表布重疊在一起，以疏縫線暫時固定。

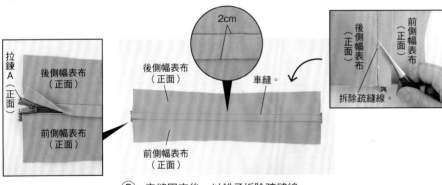

⑤ 車縫固定後，以錐子拆除疏縫線。

3.將裝飾布接縫於側身表布上。

① 內摺上緣縫份。

4.接縫側幅表布＆側身表布。

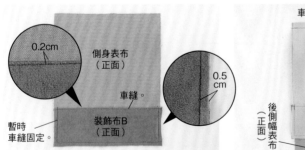

② 疊合裝飾布B＆側身表布，車縫固定。

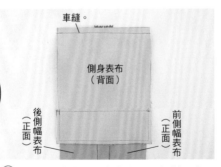

① 將側幅表布＆側身表布正面相對＆車縫固定。

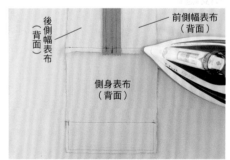

② 使縫份倒向側身表布。

28

5.製作口袋。

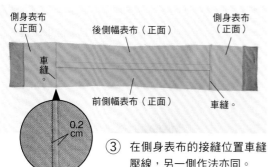

側身表布（正面）　後側幅表布（正面）　側身表布（正面）

車縫。

前側幅表布（正面）　車縫。

0.2cm

③ 在側身表布的接縫位置車縫壓線，另一側作法亦同。

後側幅表布（正面）

④ 將拉鍊稍微拉開。

摺出縫份。　口袋上片（背面）　沿摺山線摺起。

口袋下片（背面）

① 內摺袋口處的摺份。

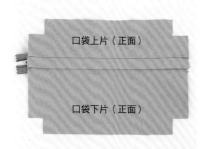

口袋上片（正面）

口袋下片（正面）

② 以側幅表布相同作法，與拉鍊B接縫（參見P.28）。

口袋上片（背面）　對合。

③ 對合側幅的邊角＆以待針固定。

車縫。　口袋上片（背面）

④ 車縫固定口袋上片的側幅。

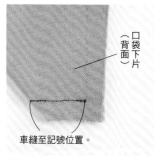

口袋下片（背面）

車縫至記號位置。

⑤ 車縫至記號位置，將口袋下片的側幅車縫固定。

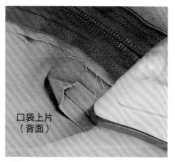

口袋上片（背面）

⑥ 燙開側幅縫份。

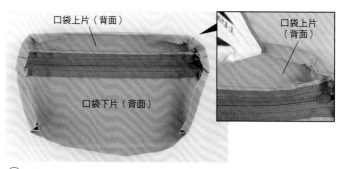

口袋上片（背面）　口袋上片（背面）

口袋下片（背面）

⑦ 剪去超出縫份的拉鍊部分，並將上緣＆兩邊的縫份內摺。

6.接縫口袋。

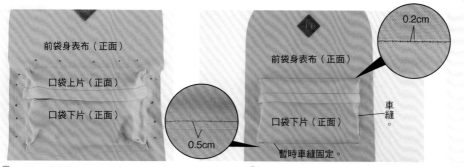

前袋身表布（正面）

口袋上片（正面）

口袋下片（正面）

① 將口袋疊放於前袋身表布的預定位置上，以待針加以固定。

0.2cm

前袋身表布（正面）

口袋下片（正面）

車縫。

0.5cm

暫時車縫固定。

② 車縫固定口袋上緣＆兩脇邊，並暫時車縫固定下緣的縫份。

7.將裝飾布A接縫於前袋身表布上

摺疊。

裝飾布A（背面）

① 將上緣的縫份內摺。

8.製作提耳。

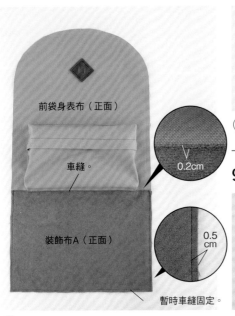

前袋身表布（正面）

車縫。

0.2cm

裝飾布A（正面）

0.5cm

暫時車縫固定。

② 將裝飾布A疊放於前袋身表布上，並於與口袋下緣縫份相疊處接縫固定。

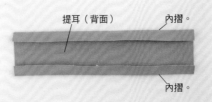

提耳（背面）　內摺。

內摺。

① 將提耳上緣＆下緣的縫份內摺。

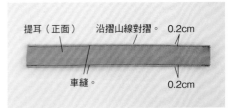

提耳（正面）　沿著摺山線對摺。　0.2cm

車縫。　0.2cm

② 沿著摺山線摺摺疊後，在上下兩側沿邊車縫壓線。

9.製作肩背帶。

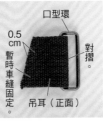

口型環

0.5cm

對摺。

暫時車縫固定。

吊耳（正面）

① 將吊耳穿過口型環，車縫固定。

穿過去。

肩背帶（背面）

日型環　1cm

② 將肩背帶穿過日型環，再將邊端內摺。

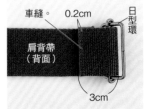

車縫。　0.2cm　日型環

肩背帶（背面）

3cm

③ 自肩背帶的邊端內摺3cm後，車縫固定。

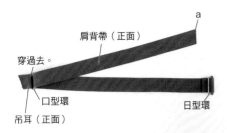

穿過去。

肩背帶（正面）　a

口型環

吊耳（正面）　日型環

④ 將肩背帶a端穿過吊耳上的口型環。

肩背帶（正面）　a

⑤ 再將肩背帶a端穿入日型環中。

a

肩背帶（正面）

10.接縫肩背帶＆提耳。

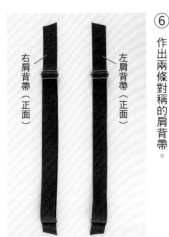

右肩背帶（正面）

左肩背帶（正面）

⑥ 作出兩條對稱的肩背帶。

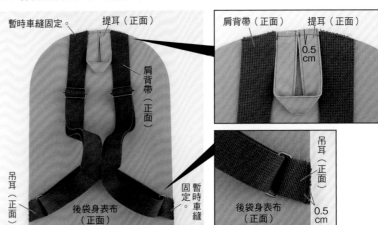

暫時車縫固定。　提耳（正面）

肩背帶（正面）

吊耳（正面）

後袋身表布（正面）

暫時車縫固定

肩背帶（正面）　提耳（正面）

0.5cm

吊耳（正面）

後袋身表布（正面）　0.5cm

將肩背帶兩端＆提耳疊放於後袋身表布上，暫時車縫固定。

11.縫合前・後袋身表布。

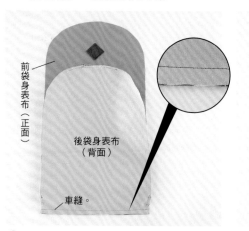

① 使前袋身表布＆後袋身表布正面相對，車縫固定。

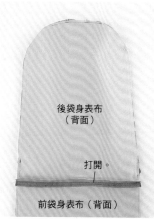

② 將縫份打開熨平。

12.縫合袋身表布＆側身表布。

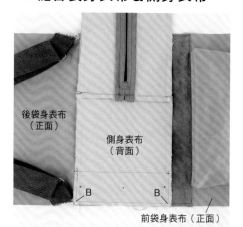

① 使前袋身表布＆側身表布正面相對，在合印點B至B之間，以待針加以固定。

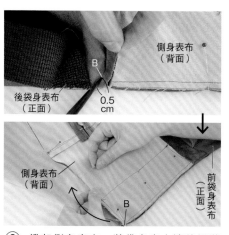

② 掀起側身表布，將袋身表布邊緣沿著合印點B的方向，與側身表布的縫份接合，並在縫份上剪開一些牙口。請一邊接合一邊以待針固定。

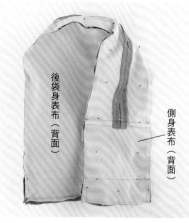

③ 順著合印點陸續接合，並細密地加以固定。

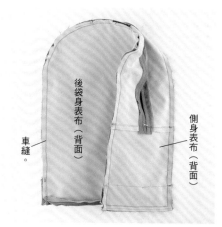

④ 車縫。

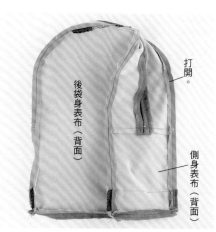

⑤ 將縫份展開熨平。

13.製作＆接縫上內口袋。

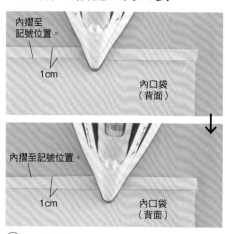

① 以熨斗將內口袋的袋口布邊三褶邊內摺。

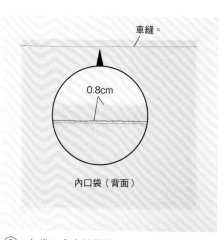

② 在袋口處車縫壓線。

14.製作袋身裡布。

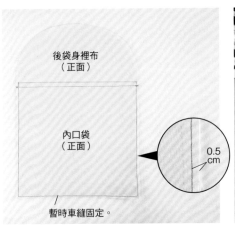

③ 將內口袋疊放於後袋身裡布上,暫時車縫固定。

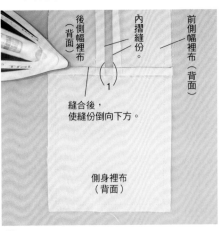

① 將側幅裡布袋口處的縫份內摺,再與側身裡布縫合。

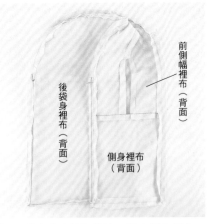

② 以袋身表布相同作法,縫合袋身裡布&側身裡布(參見P.31)。

15.縫合袋身表布&裡布。

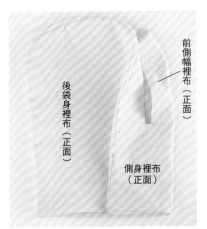

③ 翻回正面。

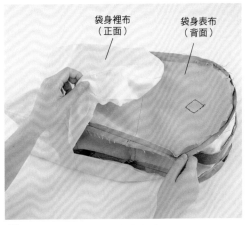

① 將袋身裡布套在袋身表布上。

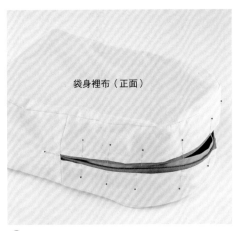

② 以待針將袋身裡布固定於拉鍊鍊布上。

16.完成!

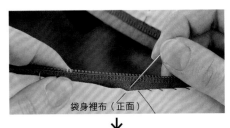

③ 以手縫的方式接縫袋身裡布&拉鍊鍊布。

前側　　　　　　　後側

⑤ 翻回正面,完成!(成品尺寸:長40cm 寬28cm 側幅15cm)

原寸紙型的使用方法

1 剪下附錄的原寸紙型紙。

◆沿著切割線剪下原寸紙型紙。
◆確認想製作的作品編號的紙型，並核對紙型的記號線&組件紙型張數。

2 描繪至另一張紙上。

◆將紙型描繪至其他張紙上後使用。描繪方法有以下兩種。

描繪在不透光的紙上

將紙型蓋在準備的紙張上面，
在中間夾入一張複寫紙後，
以點線器沿著紙型的線條進行描繪。

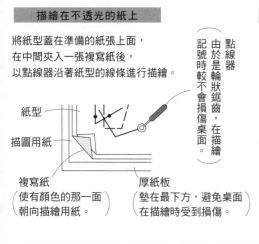

點線器由於是輪狀鋸齒，在描繪記號時較不會損傷桌面。

紙型
描圖用紙
複寫紙（使有顏色的那一面朝向描繪用紙。）
厚紙板（墊在最下方，避免桌面在描繪時受到損傷）

描繪在描圖用紙上

將可以透視的描圖用紙
（白色牛皮紙等）蓋在紙型上，
以鉛筆進行描繪。

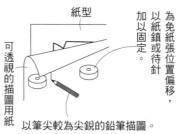

紙型
為免紙張位置偏移，以紙鎮或待針加以固定。
可透視的描圖用紙
以筆尖較為尖銳的鉛筆描圖。

若有兩個組件的紙型疊放成同一張的情況，
請如下圖所示，分別將兩張紙型描繪出來再使用。

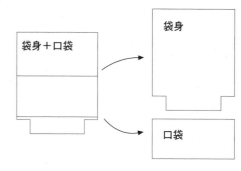

袋身＋口袋 → 袋身
口袋

【描繪紙型時請注意！】
合印、接縫位置、開口止縫、布紋等記號
一定要記得描繪清楚，各組件的「名稱」也要標示。

3 外加縫份後剪下紙型。

◆由於本書紙型皆不含縫份，
　請參見各作法說明頁中的「裁布圖」自行外加縫份。

【外加縫份的注意事項】
●需要縫合在一起的部位，原則上應預留等寬的縫份。
●請沿著完成線的平行方向預留縫份。
●縫份的預留寬度會根據布料材質（厚度・伸縮性）
　及縫法而有所不同。

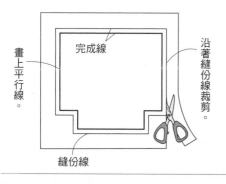

畫上平行線。
完成線
沿著縫份線裁剪。
縫份線

4 將紙型放置在布面上，進行裁布。

●放置紙型時請注意，要比對紙型標示的布紋方向（直布紋）來放置，
　並且在布料不被移動的狀態下進行裁剪。

若裁布時沒有大桌子，
請在地板等能夠平鋪布料的地方
進行裁剪。

＊布紋方向（布紋意指布料的縱橫織目）。
＊縱向織線的方向稱為直紋，
　橫向織線的方向稱為橫紋。
＊請比對直布紋的方向，
　將標有布紋線記號（↕）的紙型
　依相同方向放置在布面上。

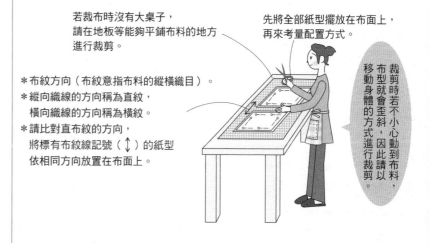

先將全部紙型擺放在布面上，
再來考量配置方式。

裁剪時若不小心動到布料，布型就會歪斜，因此請以不移動身體的方式進行裁剪。

5 在布料上作記號。

【想一次裁剪兩塊布料時】
◆在布料與布料之間（背面）
夾入一張雙面布用複寫紙，
再以點線器沿著紙型上的完
成線進行描繪。別忘了合印
&口袋接縫位置也要一起畫
上去喔！

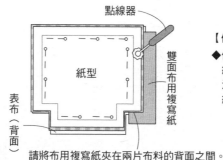

點線器
紙型
雙面布用複寫紙
表布（背面）
請將布用複寫紙夾在兩片布料的背面之間。

【僅裁剪一塊布料時】
◆使布料背面與單面布用複寫
紙的顏色面相對，以點線器
沿著紙型上的完成線進行描
繪。

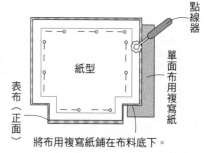

點線器
紙型
單面布用複寫紙
表布（正面）
將布用複寫紙鋪在布料底下。

製圖記號

完成線	輔助線	摺雙線	鈕釦·磁釦·腳釘
———————	———————	— — — —	◯
摺山線	布紋（箭頭方向為布料的直紋方向）	等分線·同尺寸的標誌	將相同記號的位置加以縫合的標記
—— — —— — ——	⟵————⟶	⌒⌒	a b ★ 其他

製圖讀法&裁布方法

本書的紙型&製圖皆不含縫份。縫份尺寸另記標示於裁布圖中，請依圖中的標示自行外加縫份後，再進行裁布。

◆作法說明頁中標示的數字單位均為cm。

★本書標示的材料尺寸均為最低限度的使用量，而非強制指定製作時實際使用的布幅尺寸。

▨（灰色部分）請參見原寸紙型。

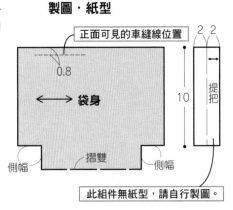

製圖·紙型

正面可見的車縫線位置
0.8
袋身
側幅 摺雙 側幅
此組件無紙型，請自行製圖。
2 2
提把
10

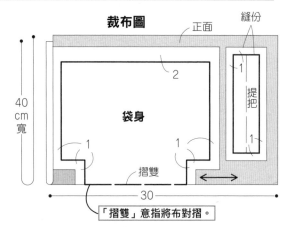

裁布圖
縫份
正面
袋身
提把
40cm寬
摺雙
30
「摺雙」意指將布對摺。
2
1
1 1
1

拉鍊的選擇方式

請配合想製作的作品去選擇拉鍊的種類&長度。若沒有長度剛好的拉鍊，請選用長度較長的拉鍊。使用尼龍拉鍊時，可利用車縫固定的方式來調整長度。使用塑鋼或金屬拉鍊時，則可在購買拉鍊時先請店家幫忙調整長度。

尼龍拉鍊

實際使用的拉鍊長度　2至3cm
使用縫紉機，
以回針縫的方式車縫固定。　剪下。

塑鋼·金屬拉鍊

拉鍊的長度
拉鍊布　錬齒
拉鍊頭　下止

關於口型環&日型環

本書使用的口型環&日型環尺寸均以「內徑」表示。

肩背帶
寬＝★
＊請配合織帶的寬度來選擇。

口型環
★　★＝內徑

日型環
★

布襯·棉襯的燙貼方式

＊布襯的黏貼方式

使布襯的黏著面（附著樹脂，摸起來粗粗的，照到光就會閃閃發亮的那一面）與布料的背面相對，再以熨斗熱燙黏合。

熨斗的溫度請保持在140℃左右，燙貼時務必在布襯上面墊一層紙。

熨燙時不要滑動熨斗，以分次移動熨斗的方式進行壓燙。為了防止產生空隙，每次的壓燙位置都必須重疊一半。

＊棉襯的黏貼方式

基本的燙貼方式與布襯相同。將棉襯的黏著面（附著樹脂，摸起來粗粗的，照到光就會閃閃發亮的那一面）朝上，再鋪上想黏合的布料（背面朝下）。
以熨斗熱燙時，注意不要壓得太用力，以免棉襯被壓扁。

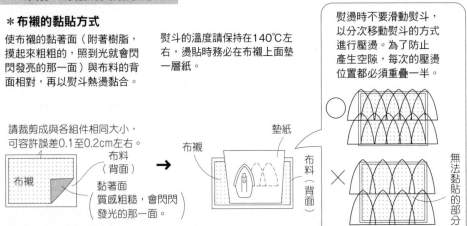

請裁剪成與各組件相同大小，可容許誤差0.1至0.2cm左右。

布料（背面）
布襯
黏著面
質感粗糙，會閃閃發光的那一面。

墊紙
布襯
布料（背面）

無法黏貼的部分

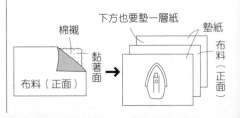

棉襯
下方也要墊一層紙
墊紙
布料（正面）
黏著面
布料（正面）

車縫重點

＊始縫＆止縫

在開始＆結束車縫時，都必須以回針縫加強固定。所謂的回針縫，就是在同一段縫線上重複來回車縫2至3次。

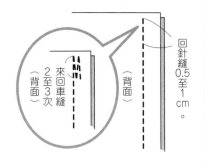

來回車縫2至3次（背面）　（背面）

回針縫0.5至1cm。

＊邊角的縫法

若以跳1針的方式去車縫，翻回正面時邊角就會挺立美觀。

保留1針左右的距離，在針刺進布料的狀態下，抬起壓布腳＆將布料轉向。

壓布腳下壓，斜斜地車縫一針。

在針刺進布料的狀態下，抬起壓布腳＆將布料轉正，再繼續車縫。

三摺邊車縫

使布邊整齊美觀的處理方法。

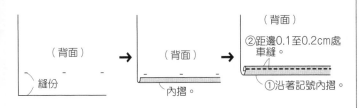

（背面）縫份

（背面）

內摺。

（背面）②距邊0.1至0.2cm處車縫。①沿著記號內摺。

使縫份打開或倒下

將兩片布料車縫在一起後，有時會需要將縫份往左右兩邊打開，或使縫份倒向同一邊。

車縫。　縫份

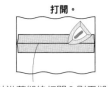

打開。

以熨斗沿著縫線打開＆熨平縫份。

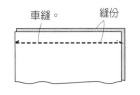

壓倒。

以熨斗沿著縫線處開始熨平，使兩片縫份倒向同一方向。

遇到高低差的縫紉方式

注意手指不要被車針刺到！

（背面）

縫份相疊處

以手指用力壓住壓布腳的前端，慢慢地車縫過去。

當壓布腳的左右兩邊高度不同時

以明信片或厚紙板摺成差不多的高度，墊在壓布腳下。

因縫份相疊，使布料變厚。

若車縫時遇到有高低差狀況，訣竅就是先讓兩邊的高度變得一致！

基本的手縫方法

＊平針縫（平縫）

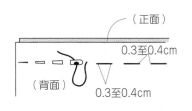

（正面）

0.3至0.4cm

（背面）　0.3至0.4cm

＊細密的平針縫（密針縫）

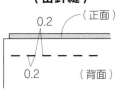

0.2　（正面）

0.2　（背面）

＊疏縫（粗針縫）

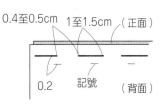

0.4至0.5cm　1至1.5cm　（正面）

0.2　記號　（背面）

＊回針縫

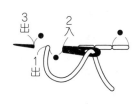

3出　2入

1入

＊縫合

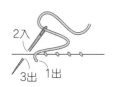

2入

3出　1出

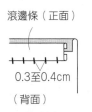

滾邊條（正面）

0.3至0.4cm

（背面）

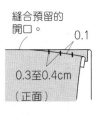

縫合預留的開口。

0.1

0.3至0.4cm

（正面）

＊以看不見縫線的方式縫合（閉合）

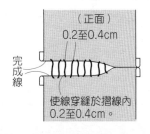

（正面）

0.2至0.4cm

完成線

使線穿縫於摺線內0.2至0.4cm。

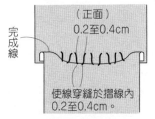

（正面）

0.2至0.4cm

完成線

使線穿縫於摺線內0.2至0.4cm。

P.6 5	P.7 6
原寸紙型A面	原寸紙型A面

材料（1個）		
5 表布（尼龍布）	90cm寬	60cm
6 表布（印花帆布）	108cm寬	70cm
裡布（棉布）	110cm寬	60cm
6 布襯	90cm寬	60cm
拉鍊	37cm	1條
口型環	內徑4cm	2個
日型環	內徑4cm	2個
織帶	3.8cm寬	220cm
5 電繡標籤（BRT-F）	5cm×7cm	1片
5 腳釘（BY0-6）	直徑1.2cm	4組

-關於紙型-

◆ 使用原寸紙型A面5・6。

· 使用的組件…前袋身、後袋身A・B、後袋身裡布、內口袋。

· 提把、肩背帶、吊耳無提供原寸紙型。以上皆為直線裁的組件，只需在布料上直接畫線＆裁剪即可。

· 肩背帶等織帶類的裁布圖尺寸皆不含縫份，請先外加口內標示數字尺寸的縫份，再加以裁剪。

-紙型・製圖- ▢ （灰色的部分）請見原寸紙型。

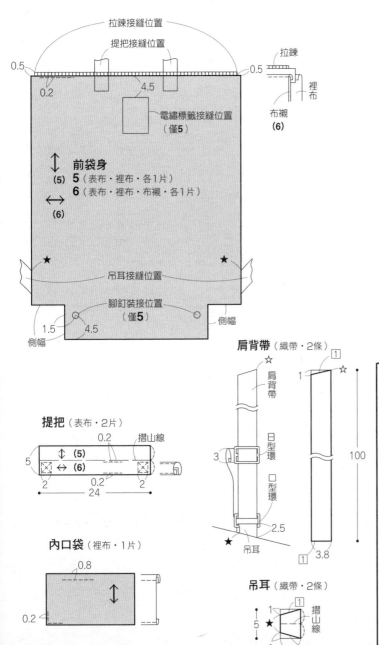

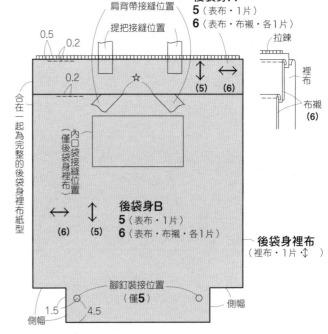

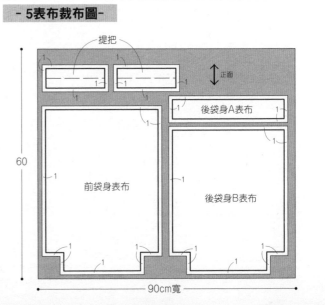

36

-作法- ※製作6時，請先依裁布圖將布襯燙貼於指定組件上，再開始縫製。

1.製作提把。

①內摺。 提把（背面）
②內摺。
提把（正面） ①對摺。
②車縫。

2.製作內口袋。

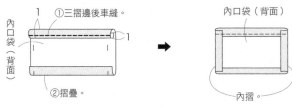

①三摺邊後車縫。
內口袋（背面）
②摺疊。
內口袋（背面）
內摺。

3.製作肩背帶。

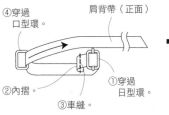

④穿過口型環。 肩背帶（正面）
②內摺。
①穿過日型環。
③車縫。
吊耳（正面） 肩背帶（正面）
②將吊耳穿過口型環。
①穿過日型環。

4.縫上內口袋。

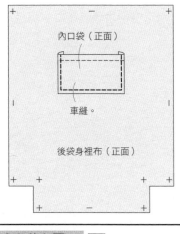

內口袋（正面）
車縫。
後袋身裡布（正面）

5.縫上電繡標籤（僅5）。

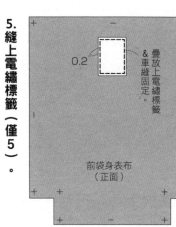

0.2
0.2
疊放上電繡標籤＆車縫固定。
前袋身表布（正面）

6.縫上肩背帶。

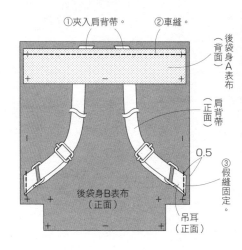

①夾入肩背帶。 ②車縫。
後袋身A表布（背面）
肩背帶（正面）
0.5
③假縫固定。
後袋身B表布（正面）
吊耳（正面）

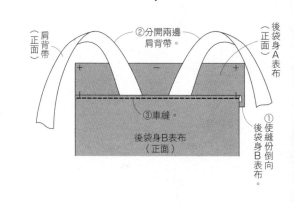

肩背帶（正面）
②分開兩邊肩背帶。
後袋身A表布（正面）
③車縫。
①使縫份倒向後袋身B表布。
後袋身B表布（正面）

- 6表布裁布圖-   ▨＝布襯的燙貼位置

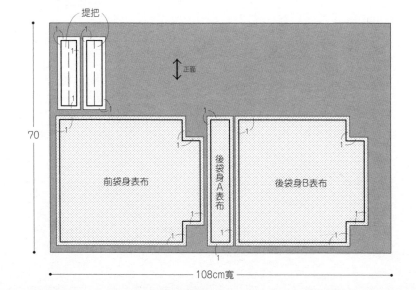

提把
正面
70
前袋身表布
後袋身A表布
後袋身B表布
108cm寬

-裡布裁布圖-

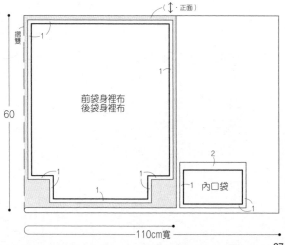

（↕・正面）
摺雙
前袋身裡布
後袋身裡布
60
2
內口袋
110cm寬

37

7.接縫上拉鍊。

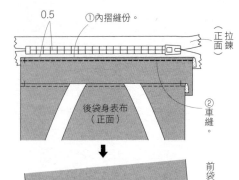

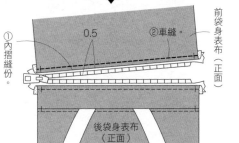

8.接縫上提把。

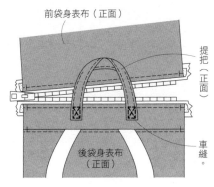

※另一側作法亦同。

9.縫合袋身表布。

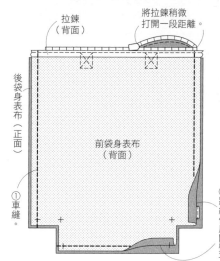

10.縫合袋身裡布。

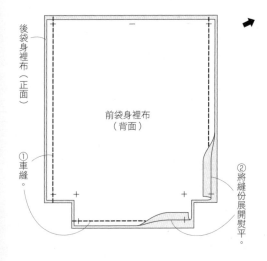

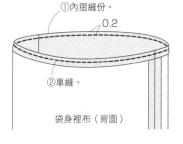

11.縫製側幅。

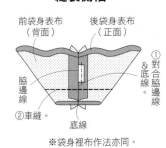

※袋身裡布作法亦同。

12.接縫袋身表布＆袋身裡布。

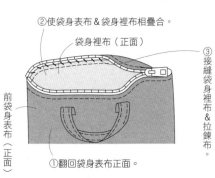

13.加裝腳釘（僅作品5）。

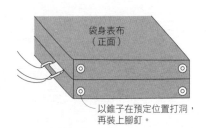

以錐子在預定位置打洞，再裝上腳釘。

14.完成！

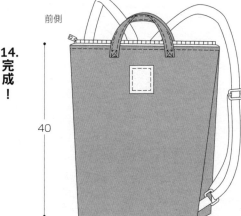

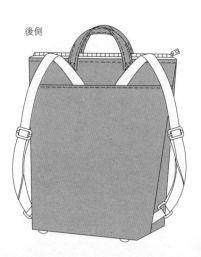

前側 後側

40

26 12

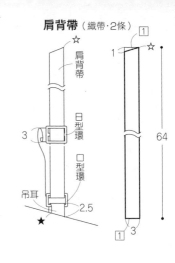

P.22 18
原寸紙型B面

材料		
表布（牛仔布）	100cm寬	50cm
裡布（嘉頓格子布）	70cm寬	50cm
布襯	90cm寬	50cm
拉鍊	30cm	1條
口型環（LT30-568）	內徑3cm	2個
日型環（LT30-568）	內徑3cm	2個
織帶	3cm寬	150cm
燙布貼		1個

-關於紙型-

◆使用原寸紙型B面18。

・使用的組件…前袋身、後袋身A・B、後袋身裡布。

・提把、肩背帶、吊耳無提供原寸紙型，

　以上皆為直線裁的組件，只需在布料上直接畫線＆裁剪即可。

・肩背帶等織帶類的裁布圖尺寸皆不含縫份，

　請先外加□內標示數字尺寸的縫份，再加以裁剪。

肩背帶（織帶・2條）

吊耳（織帶・2條）

提把（表布・2片）

-紙型・製圖-

（灰色的部分）請見原寸紙型。

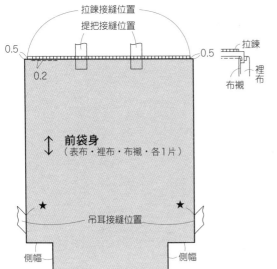

前袋身
（表布・裡布・布襯・各1片）

拉鍊接縫位置
提把接縫位置
吊耳接縫位置
側幅

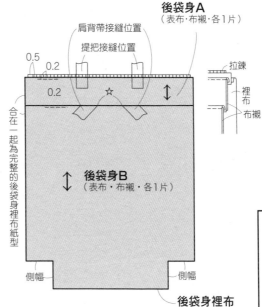

後袋身A
（表布・布襯・各1片）

後袋身B
（表布・布襯・各1片）

肩背帶接縫位置
提把接縫位置
側幅

後袋身裡布
（裡布・1片）

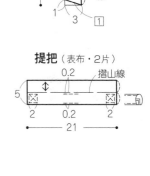

-表布裁布圖-

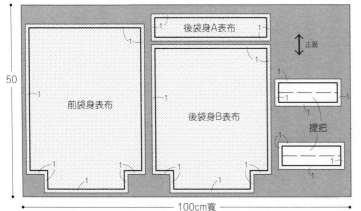

□＝布襯的燙貼位置

後袋身A表布
前袋身表布
後袋身B表布
提把
50
100cm寬

-裡布裁布圖-

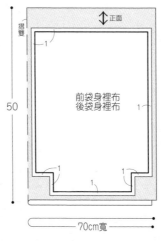

前袋身裡布
後袋身裡布
50
70cm寬

-作法-

※參見P.37。

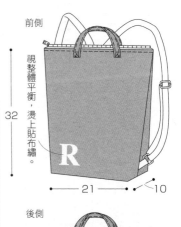

前側

視整體平衡，燙上貼布刺繡。

32
21　10

後側

P.4 3
原寸紙型A面

P.5 4
原寸紙型A面

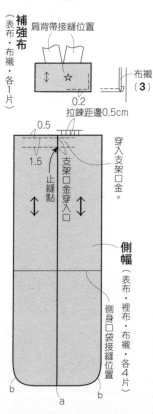

材料（1個）		
3 表布（棉布）	110cm寬	110cm
4 表布（尼龍布）	135cm寬	80cm
裡布（棉布）	110cm寬	100cm
3 布襯	90cm寬	100cm
支架口金（BK-3061）		1組
織帶A	3cm寬	220cm
織帶B	2.5cm寬	90cm
拉鍊A	60cm	1條
拉鍊B	33cm	1條
D型環	內徑3cm	2個
日型環	內徑3cm	2個
4 電繡標籤（BRT-C）	4cm×5cm	1片

-關於紙型-

◆使用原寸紙型A面3・4。

・使用的組件…袋身、前口袋上・下片、側幅、
　補強布、側身口袋。

・吊耳、裝飾布、肩背帶、提把無提供原寸紙型，
　以上皆為直線裁的組件，只需在布料上直接畫線&裁剪即可。

・提把等織帶類的裁布圖尺寸皆不含縫份，
　請先外加口內標示數字尺寸的縫份，再加以裁剪。

-紙型・製圖-

（灰色的部分）請見原寸紙型。

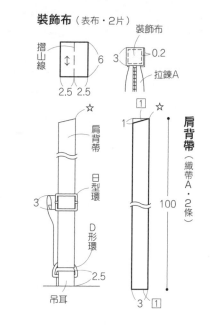

裝飾布（表布・2片）

摺山線

6　3　0.2

2.5　2.5　拉鍊A

肩背帶

肩背帶（織帶A・2條）

日型環

D形環

吊耳

3　100　2.5　3

支架口金的尺寸

30

7

吊耳（織帶A・2條）

5　摺山線

3

提把（織帶B・2條）

2.5

37

前口袋上片（表布・1片）

0.2　側幅　側幅

0.2　0.2　1

0.5　拉鍊接口　0.5

前口袋下片（表布・1片）

側幅　0.2　側幅

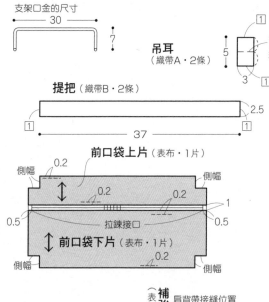

側身口袋（表布・2片）

1.3

a

※作品4不需燙貼布襯。

補強布（表布・布襯・各1片）

肩背帶接縫位置

0.2　拉鍊距邊0.5cm

布襯（3）

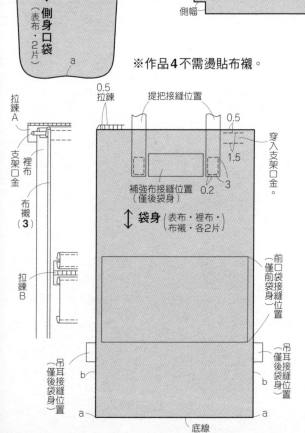

拉鍊A　0.5拉鍊　提把接縫位置　0.5

支架口金　裡布　布襯（3）　拉鍊B

穿入支架口金

1.5　3

補強布接縫位置（僅後袋身）　0.2

袋身（表布・裡布・布襯・各2片）

前口袋接縫位置（僅前袋身）

吊耳接縫位置（僅後接縫袋身位置）

a　b　b　a

底線

側幅

0.5

1.5　止縫點

支架口金穿入口　穿入支架口金

側幅（表布・裡布・布襯・各4片）

側身口袋接縫位置

b　a

-裡布裁布圖-

摺雙　正面

側幅裡布

100

袋身裡布

側幅裡布

110cm寬

1

- 3 表布裁布圖-

=布襯的燙貼位置（僅3）

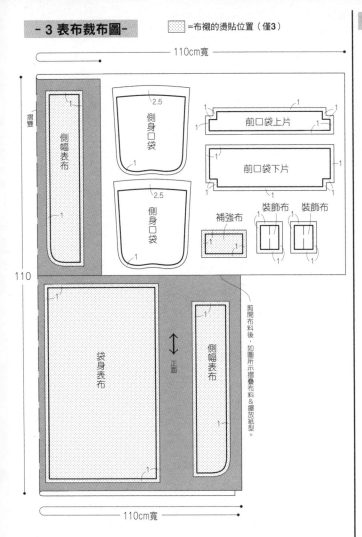

110cm寬

摺雙

側幅表布

側身口袋 2.5

側身口袋

前口袋上片

前口袋下片

補強布 裝飾布 裝飾布

袋身表布 正面

側幅表布

剪開布料後，如圖所示摺疊布料&擺放紙型

110

110cm寬

- 4 表布裁布圖-

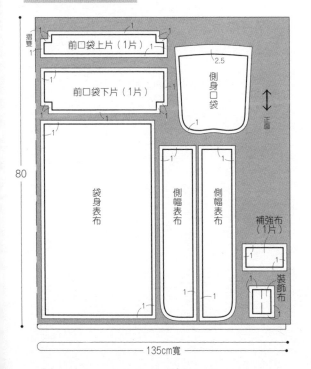

摺雙

前口袋上片（1片）

前口袋下片（1片）

側身口袋 2.5

正面

袋身表布

側幅表布

側幅表布

補強布（1片）

裝飾布

80

135cm寬

-作法-

※製作作品3時，請先依裁布圖將布襯燙貼於指定組件上，再開始縫製。

1.製作吊耳。

①穿過D型環。 ②摺疊。 D型環 吊耳 ③假縫固定。 0.5

2.製作側身口袋。

三摺邊後車縫。 1.5 側身口袋（背面）

3.製作前口袋。

①內摺縫份。 0.5 ②車縫。 拉鍊B（正面） 前口袋下片（正面）

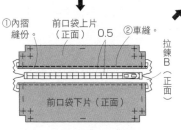

①內摺縫份。 前口袋上片（正面） 0.5 ②車縫。 拉鍊B（正面） 前口袋下片（正面）

②車縫到記號為止。 ①對合側幅的兩個對角後摺疊。 前口袋上片 ※前口袋下片作法亦同。

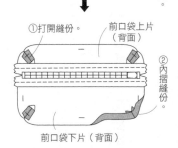

①打開縫份。 前口袋上片（背面） ②內摺縫份。 前口袋下片（背面）

4.將前口袋&電繡標籤接縫於前袋身表布上。

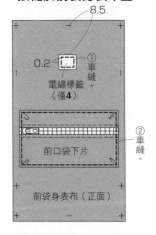

8.5 0.2 ①車縫 電繡標籤。（僅4） ②車縫。 前口袋下片 前袋身表布（正面）

5.將吊耳接縫於後袋身表布上。

後袋身表布（正面） 0.5 吊耳 暫時車縫固定。

6.將袋身表布縫上底線。

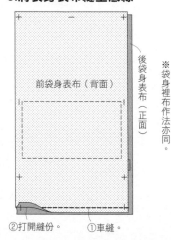

前袋身表布（背面） 後袋身表布（正面） ※袋身裡布作法亦同。 ②打開縫份。 ①車縫。

7.製作側幅表布。

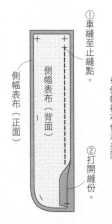

①車縫至止縫點。 側幅表布（正面） 側幅表布（背面） ※側幅裡布作法亦同。 ②打開縫份。

41

8. 將側身口袋接縫於側幅表布上。

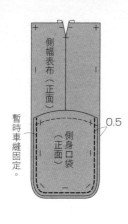

側幅表布（正面）

身口袋（正面）

側身口袋

暫時車縫固定。

0.5

9. 縫合袋身表布&側幅表布。

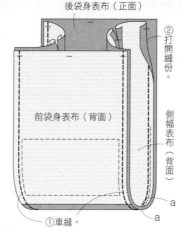

後袋身表布（正面）

②打開縫份。

前袋身表布（背面）

側幅表布（背面）

①車縫。

a
a

10. 縫合袋身裡布&側幅裡布。

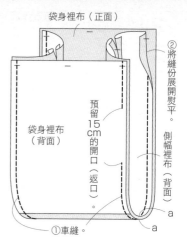

袋身裡布（正面）

②將縫份展開熨平。

袋身裡布（背面）

預留15cm的開口（返口）。

側幅裡布（背面）

①車縫。

a

11. 接縫袋身表布&袋身裡布。

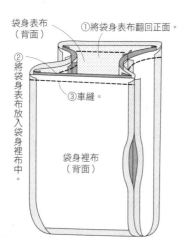

袋身表布（背面）

①將袋身表布翻回正面。

②將袋身表布放入袋身裡布中。

③車縫。

袋身裡布（背面）

12. 將袋身翻回正面後，縫合返口&車縫袋口。

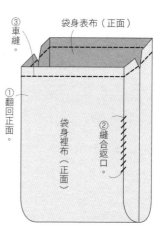

③車縫。

袋身表布（正面）

①翻回正面。

②縫合返口。

袋身裡布（正面）

13.在袋口處縫上拉鍊A。

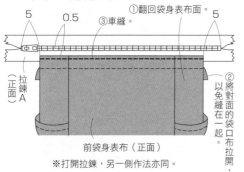

5
0.5
③車縫。
5

①翻回袋身表布面。

拉鍊A（正面）

②將對面的袋口布拉開，以免縫在一起。

前袋身表布（正面）

※打開拉鍊，另一側作法亦同。

14.縫上裝飾布。

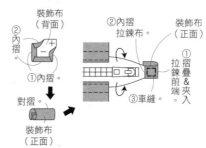

裝飾布（背面）

②內摺。

①內摺。

②內摺拉鍊布。

裝飾布（正面）

①拉鍊前端

對摺

裝飾布（正面）

①摺疊&夾入

③車縫。

15.縫上提把。

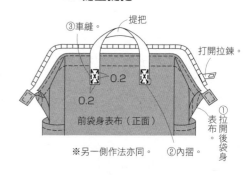

③車縫。

提把

打開拉鍊。

0.2

0.2

前袋身表布（正面）

①打開後袋身表布。

②內摺。

※另一側作法亦同。

16.製作肩背帶（參見P.37）。

17.縫上肩背帶。

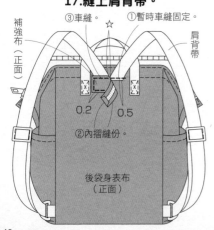

補強布（正面）

③車縫。

①暫時車縫固定。

肩背帶

0.2

0.5

②內摺縫份。

後袋身表布（正面）

18.完成！

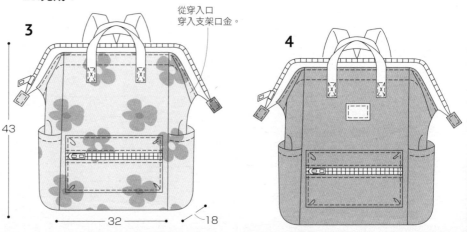

3

43

32

18

從穿入口穿入支架口金。

4

P.12　10

原寸紙型A面

材料		
表布（牛津布）	110cm寬	90cm
裡布（棉布）	110cm寬	70cm
布襯	90cm寬	100cm
織帶A	3cm寬	140cm
織帶B	3.8cm寬	220cm
日型環（LA38-580）	內徑3.9cm	2個
插扣（LB-30-580）	內徑3cm	2組
口型環（LT38-580）	內徑3.9cm	2個
防水蠟繩（UCL-9）	粗0.3cm	160cm
繩扣（SR25-580）		1個

-關於紙型-

◆使用原寸紙型A面10。

・使用的組件…前・後袋身、袋蓋、底部、補強布。

・提耳、扣帶A・B、肩背帶、吊耳無提供原寸紙型，
以上皆為直線裁的組件，只需在布料上直接畫線＆裁剪即可。

・肩背帶等織帶類的裁布圖尺寸皆不含縫份，
請先外加口內標示數字尺寸的縫份，再加以裁剪。

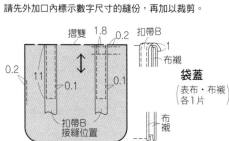

袋蓋
表布・布襯
各1片

-紙型・製圖-

（灰色的部分）請見原寸紙型。

穿入蠟繩的方法

提耳（表布・1片）

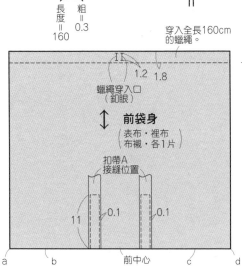

防水蠟繩
長度＝160
粗＝0.3

穿入全長160cm的蠟繩。

前袋身
表布・裡布
布襯・各1片

蠟繩穿入口（釦眼）

扣帶A接縫位置

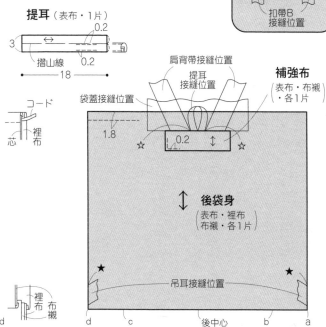

補強布
表布・布襯・各1片

肩背帶接縫位置

提耳接縫位置

袋蓋接縫位置

後袋身
表布・裡布
布襯・各1片

吊耳接縫位置

扣帶B（織帶A・2條）
長度27cm的織帶A

扣帶A（織帶A・2條）
長度35cm的織帶A

插扣

袋底
表布・裡布
布襯・各1片

前中心

後中心

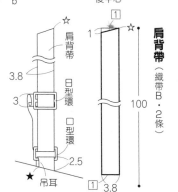

肩背帶

日型環

口型環

吊耳

肩背帶（織帶B・2條）

吊耳（織帶B・2條）

摺山線

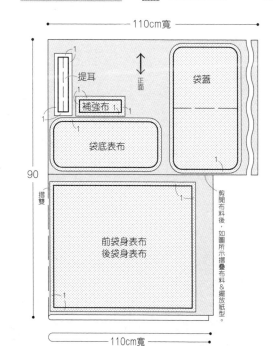

-表布裁布圖-

＝布襯的燙貼位置　　※作法參見P.44。

110cm寬

提耳

袋蓋

補強布

袋底表布

前袋身表布
後袋身表布

90

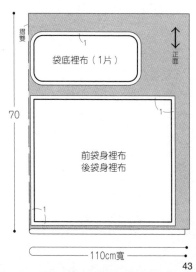

-裡布裁布圖-

袋底裡布（1片）

前袋身裡布
後袋身裡布

70

110cm寬

1.製作提耳。

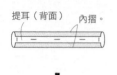

提耳（背面）　內摺。

①對摺。　②車縫。

提耳（正面）

2.製作補強布。

補強布（背面）

內摺。

補強布（背面）

內摺。

3.製作扣帶。

扣帶B

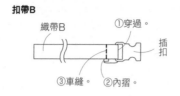

織帶B　①穿過。

插扣

③車縫。　②內摺。

扣帶A

②內摺。　③車縫。

插扣

①穿過。　織帶B

4.開釦眼＆縫上扣帶A。

①開釦眼。

前袋身表布（正面）

扣帶A（正面）

②車縫。

5.製作肩背帶（參見P.37）。

6.縫上肩背帶＆提耳。

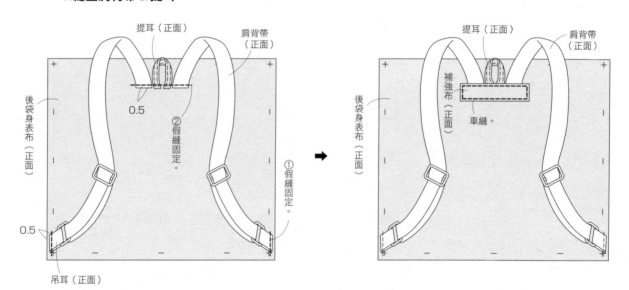

提耳（正面）　肩背帶（正面）

後袋身表布（正面）

0.5

②假縫固定。

①假縫固定。

0.5

吊耳（正面）

提耳（正面）　肩背帶（正面）

補強布（正面）

車縫。

後袋身表布（正面）

7.縫合袋身表布。

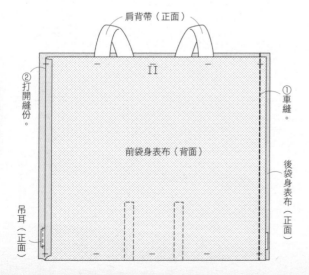

肩背帶（正面）

②打開縫份。

前袋身表布（背面）

①車縫。

後袋身表布（正面）

吊耳（正面）

8.縫合袋身裡布。

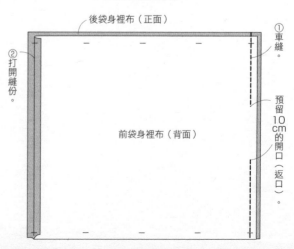

後袋身裡布（正面）

①車縫。

②打開縫份。

前袋身裡布（背面）

預留10cm的開口（返口）。

9.縫合袋身＆袋底。

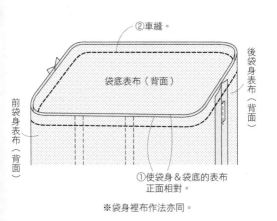

②車縫。

袋底表布（背面）

前袋身表布（背面）

後袋身表布（背面）

①使袋身＆袋底的表布正面相對。

※袋身裡布作法亦同。

10.接縫袋身表布＆袋身裡布。

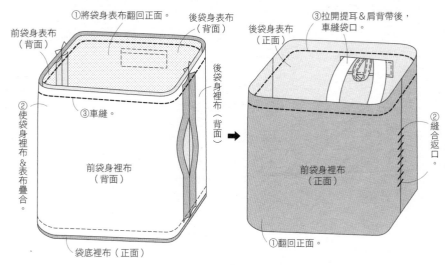

①將袋身表布翻回正面。

前袋身表布（背面）

後袋身表布（背面）

後袋身裡布（背面）

②使袋身裡布＆表布疊合。

③車縫。

前袋身裡布（背面）

袋底裡布（正面）

③拉開提耳＆肩背帶後，車縫袋口。

後袋身表布（正面）

②縫合返口。

前袋身裡布（正面）

①翻回正面。

11.製作袋蓋，縫上扣帶B。

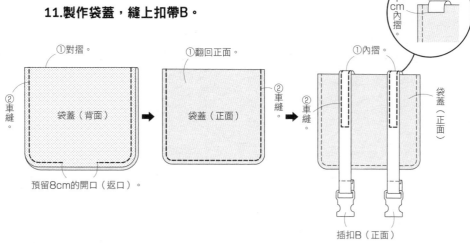

①對摺。

②車縫。

袋蓋（背面）

預留8cm的開口（返口）。

①翻回正面。

②車縫。

袋蓋（正面）

①內摺。

②車縫。

②車縫。

裡側

1 cm內摺

袋蓋（正面）

插扣B（正面）

12.縫上袋蓋。

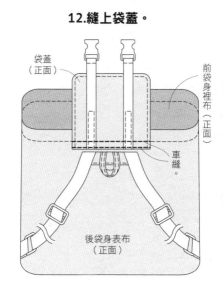

袋蓋（正面）

前袋身裡布（正面）

車縫。

後袋身表布（正面）

13.將蠟繩穿入釦眼。

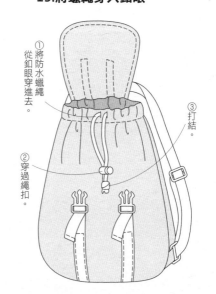

①將防水蠟繩從釦眼穿進去。

②穿過繩扣。

③打結。

14.完成！

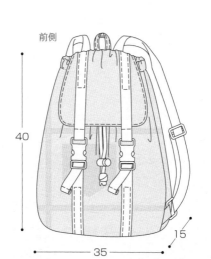

前側

40

35

15

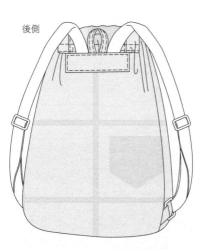

後側

P.8　7

原寸紙型B面

材料		
表布（綿麻布）	100cm寬	80cm
裡布（棉布）	100cm寬	80cm
布襯	90cm寬	80cm
雞眼釦（帶爪雞眼環）	內徑2.1cm 外徑3.5cm	4組
繩子	粗1.1cm	170cm

-關於紙型-

◆使用原寸紙型B面7。

・使用的組件…前・後袋身、袋底。

・吊耳、肩背繩穿環、提把無提供原寸紙型，

　以上皆為直線裁的組件，只需在布料上直接畫線＆裁剪即可。

-表布裁布圖-

▨=布襯的燙貼位置

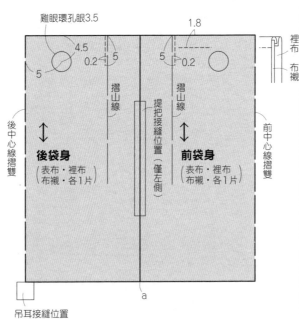

-紙型・製圖-

▨（灰色的部分）請見原寸紙型。

繩子
長度＝170　粗＝1.1

雞眼環內徑＝2.1

雞眼環孔眼3.5

4.5　0.2　1.5　5

1.8　5　0.2

後中心線摺雙

後袋身（表布・裡布・布襯・各1片）

摺山線

提把接縫位置（僅左側）

摺山線

前袋身（表布・裡布・布襯・各1片）

前中心線摺雙

裡布　布襯

吊耳・肩背繩穿環

（表布・布襯）各2片

0.2　0.2

布襯

5.4　摺山線

6

提把（表布・1片）

摺山線

0.2　1.5　0.2　2　20　4　0.1

吊耳接縫位置　a

前中心

←→袋底（表布・裡布・布襯・各1片）

a　a

後中心

-裡布裁布圖-

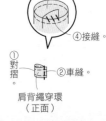

摺雙

袋底裡布（1片）

正面

80

前袋身裡布　後袋身裡布

100cm寬

-作法-

※請先依裁布圖將布襯燙貼於指定組件上，再開始縫製。

1.製作＆縫上吊耳。

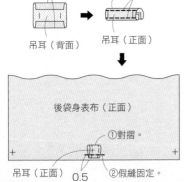

內摺。

①對摺。②車縫。

吊耳（背面）　吊耳（正面）

後袋身表布（正面）

①對摺。

吊耳（正面）　0.5　②假縫固定。

2.製作提把。

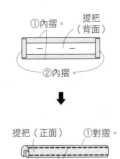

①內摺。　提把（背面）

②內摺。

提把（正面）①對摺。

②車縫。

3.製作肩背繩穿環。

內摺。

肩背繩穿環（背面）

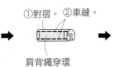

①對摺。②車縫。

肩背繩穿環（正面）

③翻回正面。

④接縫。

①對摺。②車縫。

肩背繩穿環（正面）

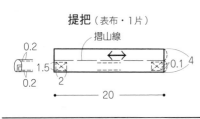

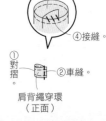

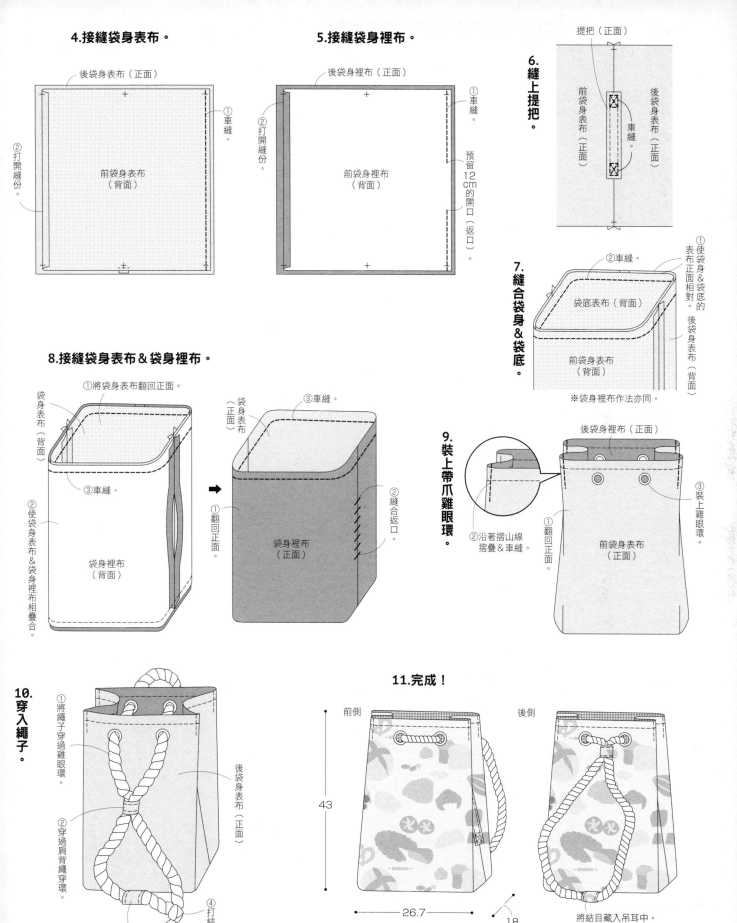

4.接縫袋身表布。

後袋身表布（正面）

前袋身表布（背面）

①車縫。

②打開縫份。

5.接縫袋身裡布。

後袋身裡布（正面）

前袋身裡布（背面）

②打開縫份。

①車縫。

預留12cm的開口（返口）。

6.縫上提把。

提把（正面）

前袋身表布（正面）

後袋身表布（正面）

車縫。

7.縫合袋身＆袋底。

②車縫。

①使袋身＆袋底的表布正面相對。

袋底表布（背面）

前袋身表布（背面）

後袋身表布（背面）

※袋身裡布作法亦同。

8.接縫袋身表布＆袋身裡布。

①將袋身表布翻回正面。

袋身表布（背面）

③車縫。

②使袋身表布＆袋身裡布相疊合。

袋身裡布（背面）

③車縫。

袋身表布（正面）

③車縫。

①翻回正面。

②縫合返口。

袋身裡布（正面）

9.裝上帶爪雞眼環。

②沿著摺山線摺疊＆車縫。

後袋身裡布（正面）

①翻回正面。

前袋身表布（正面）

③裝上雞眼環。

10.穿入繩子。

①將繩子穿過雞眼環。

②穿過肩背繩穿環。

③穿過吊耳。

④打結。

後袋身表布（正面）

11.完成！

前側

後側

43

26.7

18

將結目藏入吊耳中。

47

P.9 8
原寸紙型A面

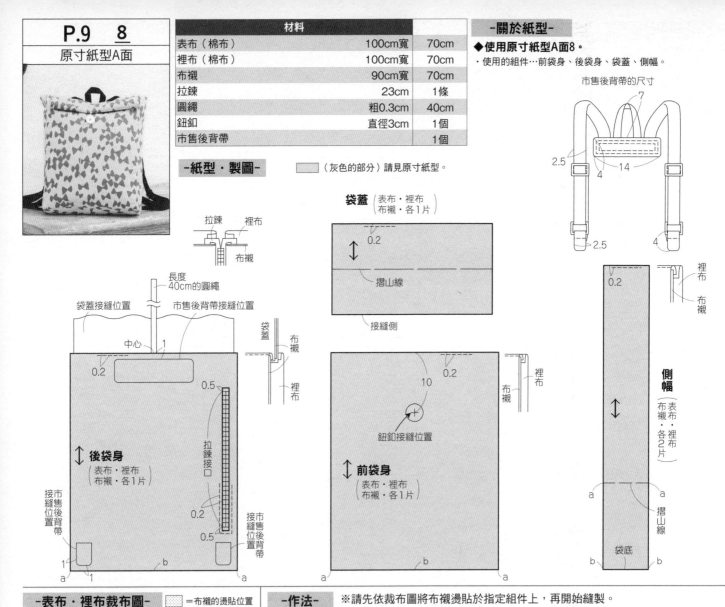

材料		
表布（棉布）	100cm寬	70cm
裡布（棉布）	100cm寬	70cm
布襯	90cm寬	70cm
拉鍊	23cm	1條
圓繩	粗0.3cm	40cm
鈕釦	直徑3cm	1個
市售後背帶		1個

-關於紙型-

◆使用原寸紙型A面8。
・使用的組件…前袋身、後袋身、袋蓋、側幅。

市售後背帶的尺寸

-紙型・製圖-
（灰色的部分）請見原寸紙型。

袋蓋（表布・裡布 布襯・各1片）

0.2
摺山線
接縫側

拉鍊 裡布 布襯

長度 40cm的圓繩

袋蓋接縫位置　市售後背帶接縫位置

中心　1
0.2
後袋身（表布・裡布 布襯・各1片）
拉鍊接口
0.2
0.5
接市售後背帶位置
1
1
a
b

袋蓋 布襯 裡布

0.2
10
鈕釦接縫位置
前袋身（表布・裡布 布襯・各1片）
a
b
a

布襯 裡布

側幅（表布・布襯・裡布・各2片）
0.2
a
a
摺山線
b　袋底　b

-表布・裡布裁布圖-
= 布襯的燙貼位置（僅表布）

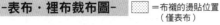

摺雙
正面
袋蓋（1片）
1
側幅
1
70
前袋身 後袋身
1
1
1

100cm寬

-作法-
※請先依裁布圖將布襯燙貼於指定組件上，再開始縫製。

1.製作袋蓋。

2.將拉鍊接縫於後袋身表布上。

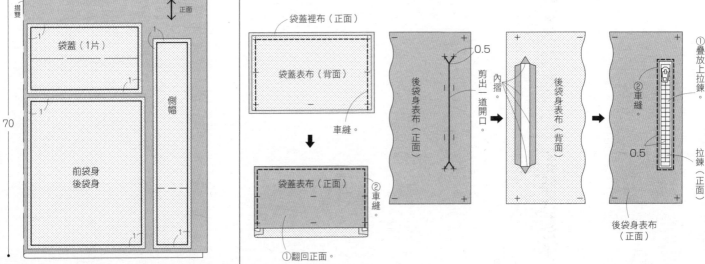

3.接縫袋底側幅。

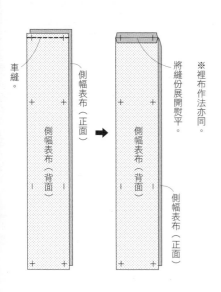

車縫。

側幅表布（正面）

側幅表布（背面）

→

側幅表布（正面）

側幅表布（背面）

將縫份展開熨平。

※裡布作法亦同。

4.縫合袋身表布&側幅表布。

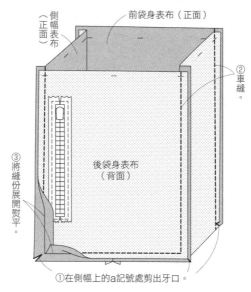

側幅表布（正面）

前袋身表布（正面）

②車縫。

後袋身表布（背面）

③將縫份展開熨平。

①在側幅上的a記號處剪出牙口。

5.將袋蓋&圓繩接縫於袋身表布上。

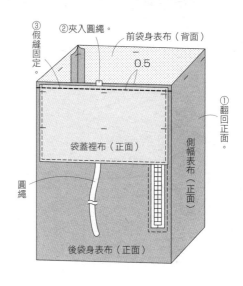

③假縫固定。

②夾入圓繩。

前袋身表布（背面）

0.5

袋蓋裡布（正面）

圓繩

後袋身表布（正面）

側幅表布（正面）

①翻回正面。

6.在後袋身裡布上剪一道開口。

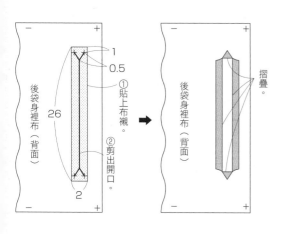

後袋身裡布（背面）

1
0.5
26
2

①貼上布襯。

②剪出開口。

→

後袋身裡布（背面）

摺疊

7.縫合袋身裡布&側幅裡布。

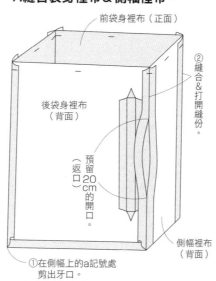

前袋身裡布（正面）

後袋身裡布（背面）

②縫合&打開縫份。

預留20cm的開口（返口）。

側幅裡布（背面）

①在側幅上的a記號處剪出牙口。

8.接縫袋身表布&袋身裡布。

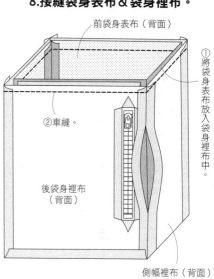

前袋身表布（背面）

②車縫。

後袋身裡布（背面）

①將袋身表布放入袋身裡布中。

側幅裡布（背面）

9.接縫袋身裡布&拉鍊布。

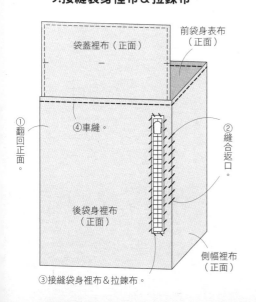

袋蓋裡布（正面）

前袋身表布（正面）

①翻回正面。

④車縫。

②縫合返口。

後袋身裡布（正面）

側幅裡布（正面）

③接縫袋身裡布&拉鍊布。

10.完成！

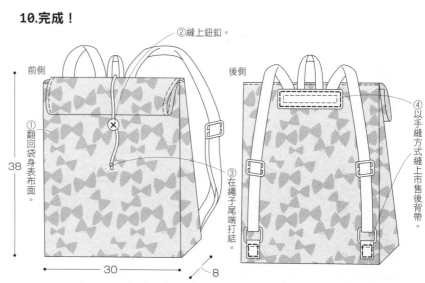

②縫上鈕釦。

前側

後側

①翻回袋身表布面。

38

30

8

③在繩子尾端打結。

④以手縫方式縫上市售後背帶。

P.10 9

原寸紙型B面

材料		
表布（棉布）	110cm寬	110cm
裡布（棉布）	90cm寬	50cm
布襯	90cm寬	70cm
棉襯	30cm寬	50cm
綾織帶	2cm寬	20cm
磁釦	直徑1.4cm	1組
子母釦	直徑1.4cm	1組
塑膠日型環（AK-94-30）	內徑3cm	2個
織帶（BT-302 #11黑）	3cm寬	130cm

-關於紙型-

◆使用原寸紙型B面9。

・使用的組件…袋身表布、口袋、口布、袋身裡布、肩背帶。

・吊耳A．B、提把、調節背帶無提供原寸紙型，
以上皆為直線裁的組件，只需在布料上直接畫線＆裁剪即可。

・背帶等織帶類的裁布圖尺寸皆不含縫份，
請先外加口內標示數字尺寸的縫份，再加以裁剪。

-紙型・製圖-   （灰色的部分）請見原寸紙型。

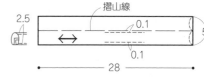

提把（表布・2片）

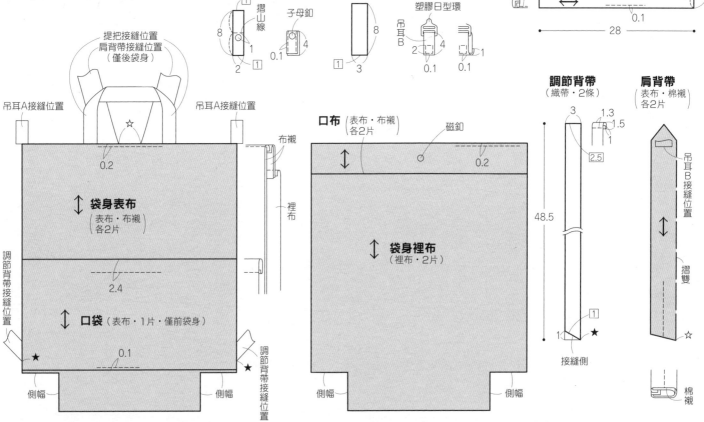

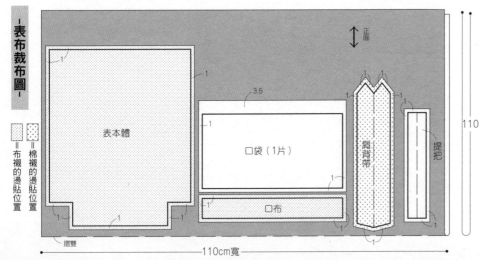

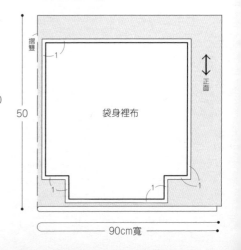

50

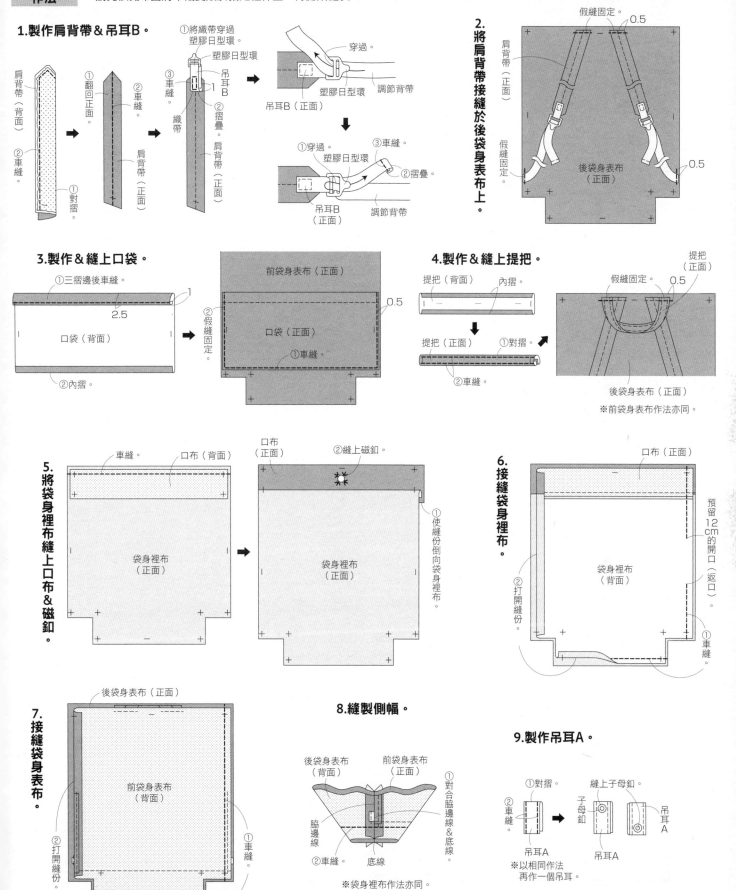

-作法- ※請先依裁布圖將布襯燙貼於指定組件上,再開始縫製。

1.製作肩背帶＆吊耳B。

①將織帶穿過塑膠日型環。

穿過。

塑膠日型環

調節背帶

吊耳B（正面）

①穿過。

③車縫。

②摺疊

塑膠日型環

吊耳B（正面）

調節背帶

肩背帶（背面）

①翻回正面。

②車縫。

①對摺

②車縫。

③車縫。

吊耳B

織帶

②摺疊。

肩背帶（正面）

肩背帶（正面）

2.將肩背帶接縫於後袋身表布上。

假縫固定。

0.5

肩背帶（正面）

假縫固定

後袋身表布（正面）

0.5

3.製作＆縫上口袋。

①三摺邊後車縫。

1

2.5

口袋（背面）

②內摺。

前袋身表布（正面）

②假縫固定。

口袋（正面）

0.5

①車縫。

4.製作＆縫上提把。

提把（背面）

內摺。

提把（正面）

①對摺。

②車縫。

假縫固定。

提把（正面）

0.5

後袋身表布（正面）

※前袋身表布作法亦同。

5.將袋身裡布縫上口布＆磁釦。

車縫。

口布（背面）

口布（正面）

②縫上磁釦。

袋身裡布（正面）

袋身裡布（正面）

①使縫份倒向袋身裡布。

6.接縫袋身裡布。

口布（正面）

預留12cm的開口（返口）。

袋身裡布（背面）

②打開縫份。

①車縫。

7.接縫袋身表布。

後袋身表布（正面）

前袋身表布（背面）

②打開縫份。

①車縫。

8.縫製側幅。

後袋身表布（背面）

前袋身表布（正面）

①對合脇邊線＆底線。

脇邊線

②車縫。

底線

※袋身裡布作法亦同。

9.製作吊耳A。

①對摺。

②車縫。

吊耳A

縫上子母釦。

子母釦

吊耳A

吊耳A

※以相同作法再作一個吊耳。

10.縫上吊耳A。

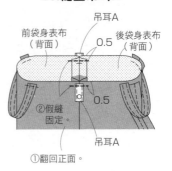

前袋身表布
（背面）
0.5
後袋身表布
（背面）
吊耳A
②假縫
固定。
0.5
吊耳A
①翻回正面。

11.接縫袋身表布&袋身裡布。

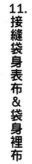

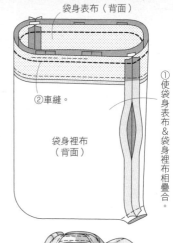

袋身表布（背面）
②車縫。
袋身裡布
（背面）
①使袋身表布&袋身裡布相疊合。

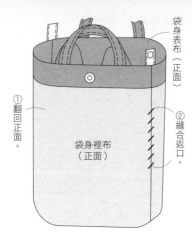

袋身表布（正面）
①翻回正面。
袋身裡布
（正面）
②縫合返口。

12.車縫袋口。

②車縫。
袋身表布（正面）
①翻回袋身表布面。

13.完成！

前側
40
26
13

後側

P.18 16
原寸紙型B面

材料		
表布（棉質牛津布）	110cm寬	70cm
裡布（被單布）	110cm寬	50cm
棉襯	100cm寬	70cm
織帶	3cm寬	150cm
D型環A（AK-6-38 #AG）	內徑3.8cm	1個
D型環B（AK-6-28 #AG）	內徑2.8cm	4個
日型環（AK-24-31 #AG）	內徑3cm	1個
勾釦（AK-19-30 #AG）	內徑3cm	2個
插鎖（BA-38A #11黑）		2組
底板（BA-1550）	50cm×30.5cm	2片
雙面膠		適量

-紙型・製圖-
（灰色的部分）請見原寸紙型。

-關於紙型-

◆使用原寸紙型B面16。

・使用的組件…前袋身、後袋身、袋底、側幅、袋蓋。

・吊耳A・B、肩背帶、提耳無提供原寸紙型，
以上皆為直線裁的組件，只需在布料上直接畫線&裁剪即可。

・肩背帶等織帶類的裁布圖尺寸皆不含縫份，
請先外加口內標示數字尺寸的縫份，再加以裁剪。

提耳（表布・1片）
0.2
摺山線
2
2
0.2
18

吊耳A
（表布・1片）
D型環A
1.5
0.2
吊耳A
3
3.8 3.8

吊耳B
（表布・4片）
2 2
摺山線
3
D型環B
1.5
0.2

棉襯
裡布

0.5
11 11
插鎖（凹）接縫位置
9.5 9.5
前袋身
（表布・裡布）
（棉襯・各1片）
A A

肩背帶
（織帶・1條）
1
3
1

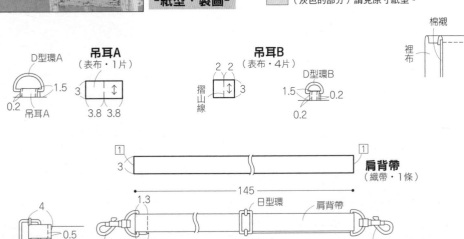

145
4
0.5
1.3
日型環
肩背帶
勾釦
1.5
勾釦
日型環

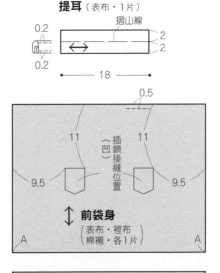

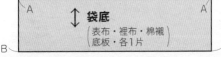

袋底
（表布・裡布・棉襯）
（底板・各1片）
A A
B B

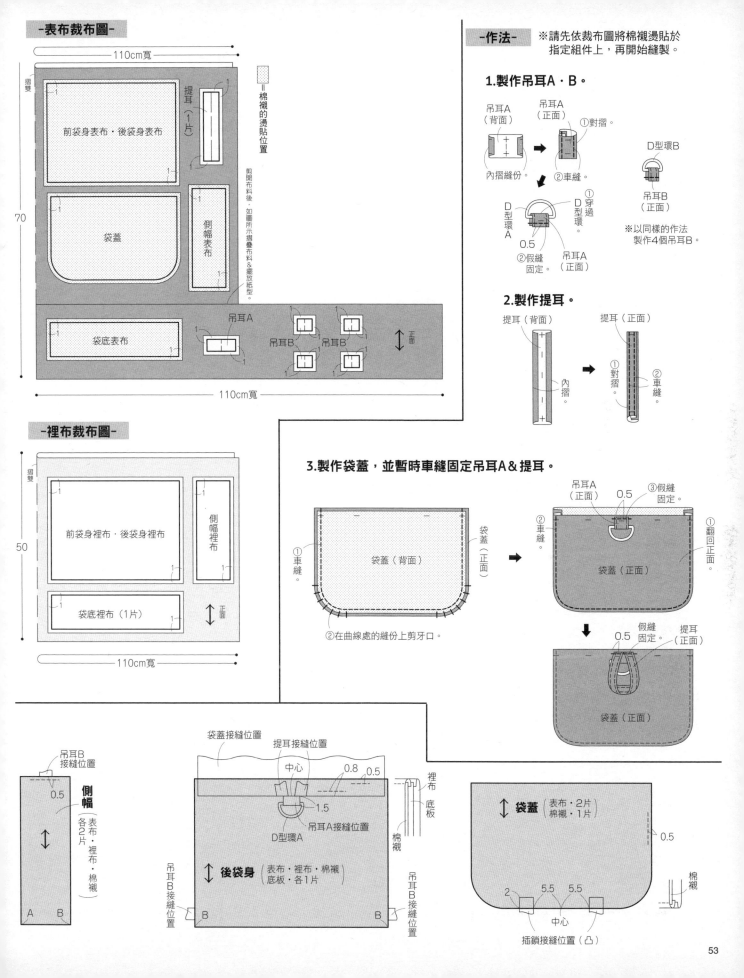

-表布裁布圖-

110cm寬

前袋身表布・後袋身表布

袋蓋

側幅表布

提耳（1片）

= 棉襯的燙貼位置

剪開布料後，如圖所示摺疊布料＆擺放紙型。

70

袋底表布

吊耳A

吊耳B　吊耳B

正面

110cm寬

-裡布裁布圖-

摺雙

前袋身裡布・後袋身裡布

側幅裡布

50

袋底裡布（1片）

正面

110cm寬

-作法-　※請先依裁布圖將棉襯燙貼於指定組件上，再開始縫製。

1.製作吊耳A・B。

吊耳A（背面）　吊耳A（正面）　①對摺。　②車縫。

內摺縫份

D型環A　D型環　①穿過D型環。

0.5　②假縫固定。　吊耳A（正面）

D型環B

吊耳B（正面）

※以同樣的作法製作4個吊耳B。

2.製作提耳。

提耳（背面）　內摺　提耳（正面）　①對摺。　②車縫。

3.製作袋蓋，並暫時車縫固定吊耳A＆提耳。

①車縫。　袋蓋（背面）　袋蓋（正面）

②在曲線處的縫份上剪牙口。

②車縫。　吊耳A（正面）　0.5　③假縫固定。　①翻回正面。　袋蓋（正面）

假縫固定。　0.5　提耳（正面）　袋蓋（正面）

吊耳B接縫位置　0.5　**側幅**（表布・裡布・棉襯各2片）　A　B

袋蓋接縫位置　提耳接縫位置　中心　0.8　0.5　裡布　底板　棉襯

1.5　吊耳A接縫位置　D型環A

後袋身（表布・裡布・棉襯・底板各1片）

吊耳B接縫位置　B　B　吊耳B接縫位置

袋蓋（表布・2片／棉襯・1片）　0.5　棉襯

2　5.5　5.5　中心　插鎖接縫位置（凸）

53

4.接縫袋身表布。

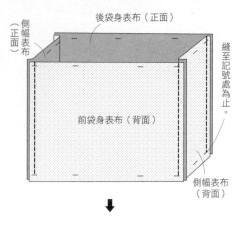

側幅表布（正面）
後袋身表布（正面）
縫至記號處為止。
前袋身表布（背面）
側幅表布（背面）

↓

後袋身表布（正面）
側幅表布（背面）
①打開縫份。
前袋身表布（背面）
③打開縫份。
②車縫。
袋底表布（正面）

5.縫上袋蓋&吊耳B。

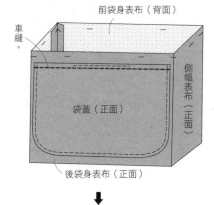

前袋身表布（背面）
車縫。
袋蓋（正面）
側幅表布（正面）
後袋身表布（正面）

↓

②立起提耳。
①立起袋蓋。
0.5
④假縫固定。
③車縫。
吊耳B（正面）
側幅表布（正面）
後袋身表布（正面）

6.縫合袋身裡布&側幅裡布。

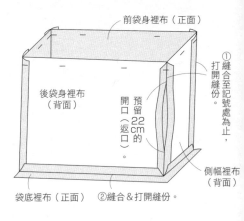

前袋身裡布（正面）
後袋身裡布（背面）
①縫合至記號處為止，打開縫份。
預留22cm的開口（返口）。
側幅裡布（背面）
袋底裡布（正面）
②縫合&打開縫份。

7.接縫袋身表布&袋身裡布。

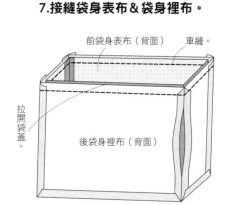

前袋身表布（背面）
車縫。
後袋身裡布（背面）
拉開袋蓋。

8.翻回正面&加裝底板。

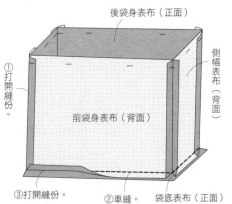

後袋身紙型的完成線
將邊角修剪出弧度。
底板
稍微往內剪掉0.5cm。

袋底紙型的完成線
將邊角修剪出弧度。
底板
稍微往內剪掉0.5cm。

↓

後袋身裡布（正面）
④拉開袋蓋後車縫固定。
⑤縫合返口。
前袋身表布（正面）
③從返口處放入底板，與表布側貼合。
①從返口翻回正面。

後袋身的底板
②將底板貼上雙面膠。
袋底的底板

9.完成！

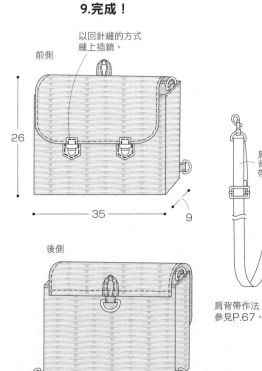

以回針縫的方式縫上插鎖。
前側
26
35
9
後側
肩背帶
肩背帶作法參見P.67。

P.13 11

原寸紙型A面

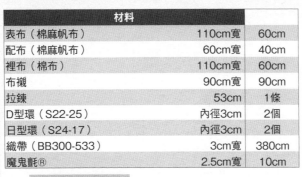

-紙型・製圖-

（灰色的部分）請見原寸紙型

材料		
表布（棉麻帆布）	110cm寬	60cm
配布（棉麻帆布）	60cm寬	40cm
裡布（棉布）	110cm寬	60cm
布襯	90cm寬	90cm
拉鍊	53cm	1條
D型環（S22-25）	內徑3cm	2個
日型環（S24-17）	內徑3cm	2個
織帶（BB300-533）	3cm寬	380cm
魔鬼氈®	2.5cm寬	10cm

-關於紙型-

◆使用原寸紙型A面11。

・使用的組件…前・後袋身、袋底、側幅、口布、側身口袋、口袋。

・肩背帶、吊耳、固定片、提把無提供原寸紙型，
以上皆為直線裁的組件，只需在布料上直接畫線＆裁剪即可。

・提把等織帶類的裁布圖尺寸皆不含縫份，
請先外加□內標示數字尺寸的縫份，再加以裁剪。

肩背帶（織帶・2條）100
吊耳（織帶・2條）摺山線 4 / 3
日型環 3 / 2 / D型環 / 肩背帶 / 吊耳

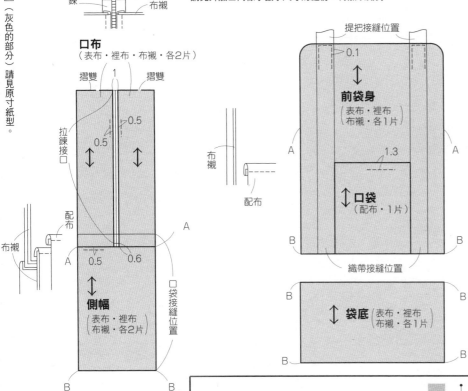

口布（表布・裡布・布襯・各2片）
摺雙 1 摺雙
拉鍊接□ 0.5 0.5 0.5
配布 布襯
布襯 A 0.5 0.6 A
側幅（表布・裡布・布襯・各2片）
□袋接縫位置
B B

裡布 / 拉鍊 / 布襯
配布

提把接縫位置 0.1
前袋身（表布・裡布 布襯・各1片）
A A 1.3
口袋（配布・1片）
B B
織帶接縫位置

袋底（表布・裡布 布襯・各1片）
B B

後袋身（表布・裡布 布襯・各1片）
提把接縫位置 ★
肩背帶接縫位置
B B
吊耳接縫位置

提把（織帶・2條）31

固定片（織帶・1條）
魔鬼氈（正面） 魔鬼氈（背面）
0.5 3
2.5 12 2.5

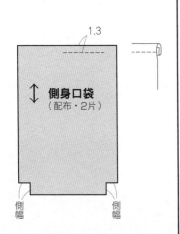

1.3
側身口袋（配布・2片）
側幅 側幅

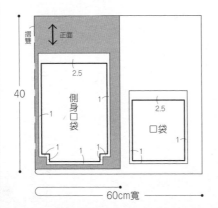

-配布裁布圖-
摺雙 正面
2.5 側身口袋 1 1
2.5 口袋 1
40 / 60cm寬

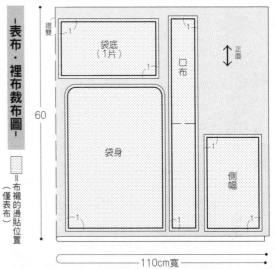

-表布・裡布裁布圖-
摺雙
袋底（1片）
口布
正面
袋身
側幅
60 / 110cm寬

＝布襯的燙貼位置（僅表布）

1.製作口袋。

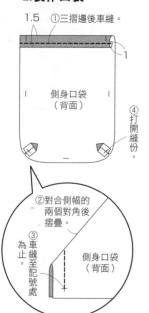

1.5　①三摺邊後車縫。

側身口袋（背面）

1

④打開縫份。

②對合側幅的兩個對角後摺疊。

③車縫至記號處。為止。

側身口袋（背面）

1.5　三摺邊後車縫。

口袋（背面）

1

2.製作提把。

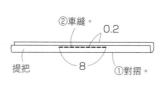

②車縫。　0.2

提把　8　①對摺。

3.製作肩背帶。

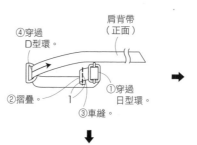

④穿過D型環。

肩背帶（正面）

②摺疊。　1

①穿過日型環。

③車縫。

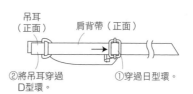

吊耳（正面）　肩背帶（正面）

②將吊耳穿過D型環。　①穿過日型環。

※以同樣方法製作2條。

4.將肩背帶接縫於後袋身表布上。

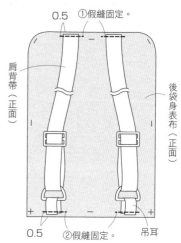

0.5　①假縫固定。

肩背帶（正面）

後袋身表布（正面）

0.5　②假縫固定。　吊耳

5.將提把接縫於後袋身表布上。

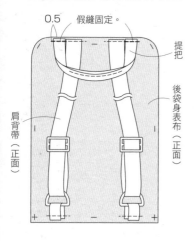

0.5　假縫固定。

提把

肩背帶（正面）

後袋身表布（正面）

6.將口袋接縫於前袋身表布上。

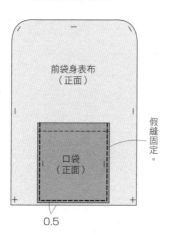

前袋身表布（正面）

口袋（正面）

假縫固定。

0.5

7.將織帶＆提把接縫於前袋身表布上。

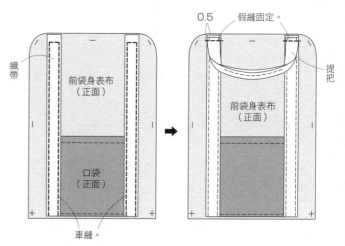

0.5　假縫固定。

織帶

前袋身表布（正面）

口袋（正面）

提把

前袋身表布（正面）

車縫。

8.將拉鍊接縫於口布上。

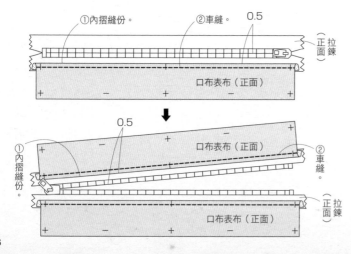

①內摺縫份。　②車縫。　0.5

拉鍊（正面）

口布表布（正面）

0.5

①內摺縫份。

口布表布（正面）

②車縫。

口布表布（正面）　拉鍊（正面）

9.接縫口布表布＆側幅表布。

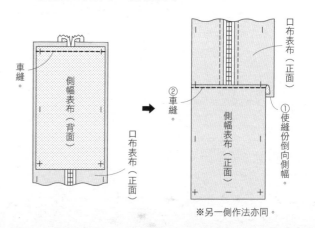

車縫。

側幅表布（背面）

口布表布（正面）

口布表布（正面）

②車縫。

側幅表布（正面）

①使縫份倒向側幅。

※另一側作法亦同。

56

10.將側身口袋接縫於 側幅表布上。

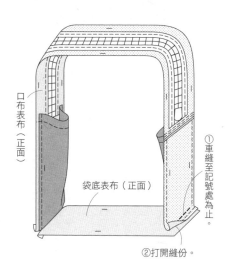

口布表布（正面）

假縫固定。

0.5

側身口袋（正面）

側幅表布（正面）

※另一側作法亦同。

11.將袋底接縫於側幅表布上。

口布表布（正面）

袋底表布（正面）

①車縫至記號處為止。

②打開縫份。

12.縫合袋身表布＆側幅表布。

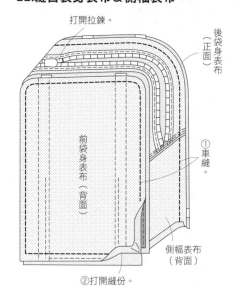

打開拉鍊。

後袋身表布（正面）

前袋身表布（背面）

①車縫。

側幅表布（背面）

②打開縫份。

13.接縫口布裡布＆側幅裡布。

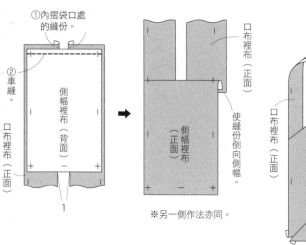

①內摺袋口處的縫份。

②車縫。

口布裡布（正面）

側幅裡布（背面）

1

口布裡布（正面）

側幅裡布（正面）

使縫份倒向側幅。

※另一側作法亦同。

14.將袋底接縫於側幅裡布上。

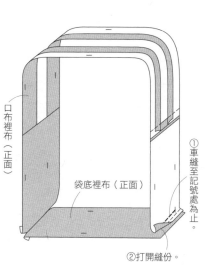

口布裡布（正面）

袋底裡布（正面）

①車縫至記號處為止。

②打開縫份。

15.縫合袋身裡布＆側幅裡布。

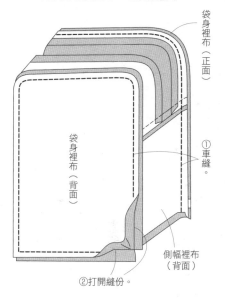

袋身裡布（正面）

袋身裡布（背面）

①車縫。

側幅裡布（背面）

②打開縫份。

16.縫合袋身表布＆袋身裡布。

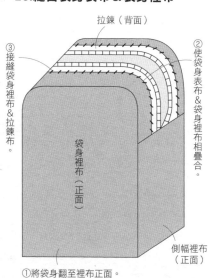

拉鍊（背面）

③接縫袋身裡布＆拉鍊布。

②使袋身表布＆袋身裡布相疊合。

袋身裡布（正面）

①將袋身翻至裡布正面。

側幅裡布（正面）

17.製作固定布。

魔鬼氈

固定布

①內摺。

①內摺。

②疊放上魔鬼氈後車縫固定。

18.完成！

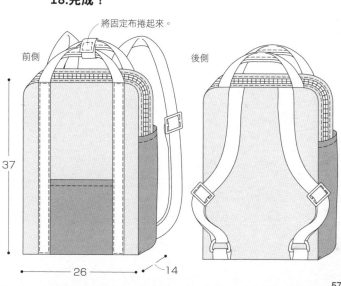

將固定布捲起來。

前側

後側

37

26

14

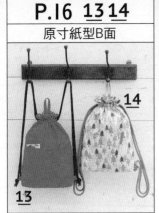

P.16 13 14

原寸紙型B面

-紙型・製圖-

材料（1個）		
13 表布（棉麻帆布）	100cm寬	80cm
14 表布（棉質牛津布）	100cm寬	80cm
裡布（棉布）	80cm寬	50cm
圓繩（13 PY500-31/14 PY500-27）	粗0.8cm	350cm

-關於紙型-

◆使用原寸紙型B面13・14。

・使用的組件…袋身、口袋。

・提耳、吊耳無提供原寸紙型，以上皆為直線裁的組件，
只需在布料上直接畫線＆裁剪即可。

□（灰色的部分）請見原寸紙型。

繩子的穿法

提耳（表布・1片）

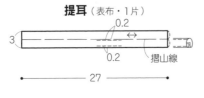

0.2
0.2
摺山線
3
27

吊耳
（表布・2片）

摺山線
0.2
4
0.2
←4→

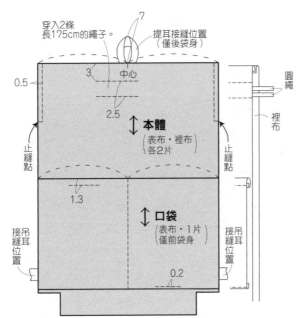

穿入2條
長175cm的繩子。
提耳接縫位置
（僅後袋身）
0.5
3 中心
2.5
7
本體
（表布・裡布
各2片）
止縫點
止縫點
接吊耳縫置位
1.3
接吊耳縫置位
口袋
（表布・1片
僅前袋身）
圓繩
裡布
0.2

-表布裁布圖-

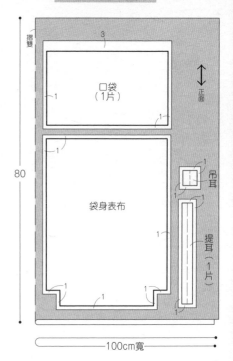

摺雙
3
口袋
（1片）
正面
1
80
袋身表布
吊耳
提耳（1片）
100cm寬

-裡布裁布圖-

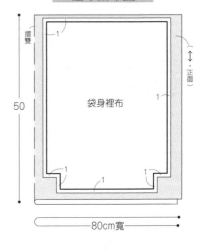

摺雙
正面
50
袋身裡布
80cm寬

-作法-

1.製作提耳。

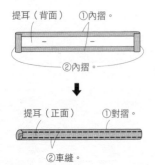

提耳（背面） ①內摺。
②內摺。

提耳（正面） ①對摺。
②車縫。

2.製作吊耳。

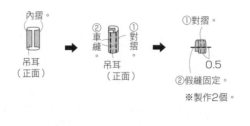

內摺。
吊耳（正面）
②車縫
①對摺
吊耳（正面）
①對摺。
0.5
②假縫固定。
※製作2個。

3.製作口袋。

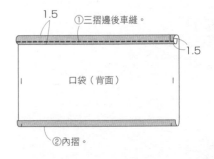

1.5
①三摺邊後車縫。
1.5
口袋（背面）
②內摺。

4.縫上口袋&吊耳。

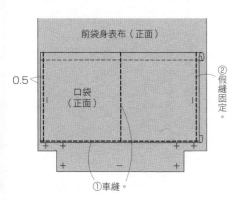

前袋身表布（正面）

0.5

口袋（正面）

②假縫固定。

①車縫。

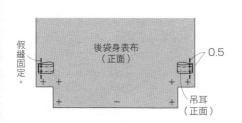

假縫固定。

後袋身表布（正面）

0.5

吊耳（正面）

5.分別接縫袋身表布&袋身裡布

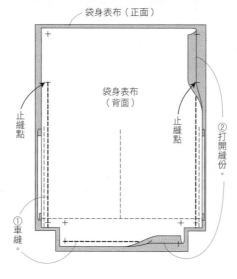

袋身表布（正面）

袋身表布（背面）

止縫點

止縫點

①車縫。

②打開縫份。

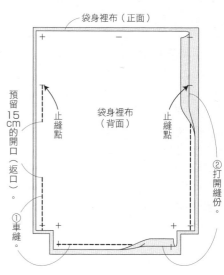

袋身裡布（正面）

袋身裡布（背面）

止縫點

止縫點

預留15cm的開口（返口）。

①車縫。

②打開縫份。

6.縫製側幅。

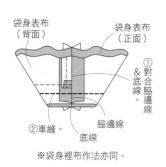

袋身表布（背面）

袋身表布（正面）

①對合脇邊線&底線。

②車縫。

脇邊線

底線

※袋身裡布作法亦同。

7.車縫開口。

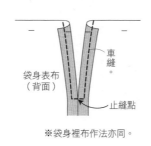

袋身表布（背面）

車縫。

止縫點

※袋身裡布作法亦同。

9.縫上提耳。

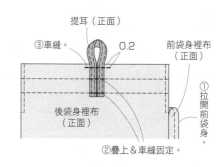

提耳（正面）

③車縫。

0.2

前袋身裡布（正面）

後袋身裡布（正面）

①拉開前袋身。

②疊上&車縫固定。

8.接縫袋身表布&袋身裡布。

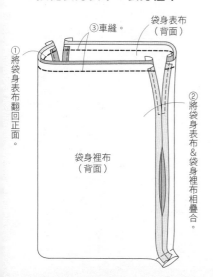

③車縫。

袋身表布（背面）

①將袋身表布翻回正面。

袋身裡布（背面）

②將袋身表布&袋身裡布相疊合。

➡

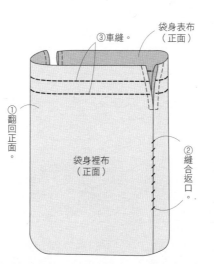

③車縫。

袋身表布（正面）

①翻回正面。

袋身裡布（正面）

②縫合返口。

10.完成！

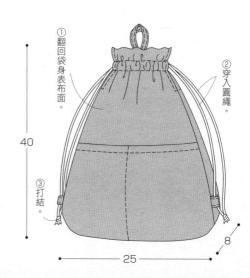

①翻回袋身表布面。

②穿入圓繩。

③打結。

40

25

8

P.17 15
原寸紙型B面

材料		
表布（棉質帆布）	80cm寬	50cm
裡布（棉布）	100cm寬	50cm
棉襯	80cm寬	50cm
口金（BK-1855 #AG古金）	高11cm×寬18.5cm	1個
市售附肩背帶提把（（YAT-1031 #3象牙白）		1個

-關於紙型-

◆使用原寸紙型B面l5。

· 使用的組件…袋身、內口袋。

-紙型・製圖-

☐（灰色的部分）請見原寸紙型。

口金尺寸

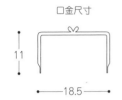

11
18.5

提把尺寸

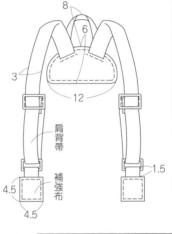

8
6
3
12
肩背帶
4.5
補強布
4.5
1.5

-表布裁布圖-

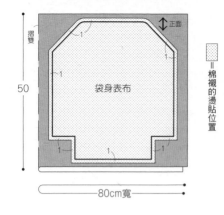

正面
摺雙
50
袋身表布
1
80cm寬

☐=棉襯的燙貼位置

-裡布裁布圖-

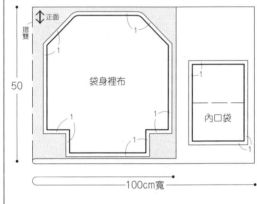

正面
摺雙
50
袋身裡布
內口袋
100cm寬

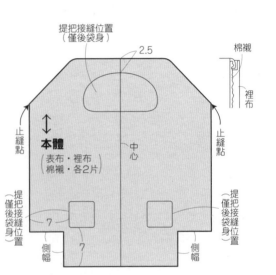

提把接縫位置
（僅後袋身）
2.5
棉襯
裡布
止縫點
本體
表布・裡布
棉襯・各2片
中心
止縫點
提把
僅後接縫
袋身位置
7
7
側幅
側幅
提把
僅後接縫
袋身位置

-作法-

※請先依裁布圖將棉襯
燙貼於指定組件上，
再開始縫製。

1.製作＆縫上內口袋。

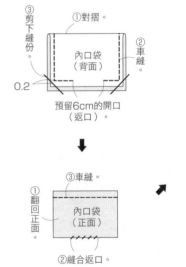

③剪下縫份
①對摺。
②車縫。
內口袋
（背面）
0.2
預留6cm的開口
（返口）。

①翻回正面。
③車縫。
內口袋
（正面）
②縫合返口。

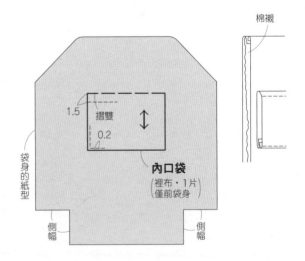

棉襯
袋身的紙型
1.5
摺雙
0.2
內口袋
（裡布・1片
僅前袋身）
側幅
側幅

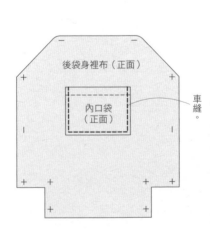

後袋身裡布（正面）
內口袋
（正面）
車縫。

2.縫製袋身。

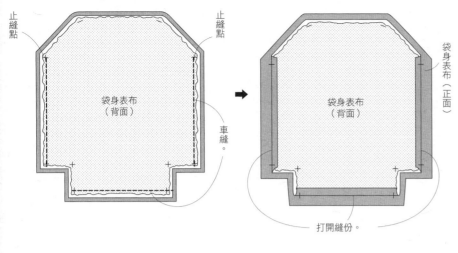

止縫點

止縫點

袋身表布
（背面）

車縫。

袋身表布
（背面）

袋身表布
（正面）

打開縫份。

※袋身裡布作法亦同。

3.縫製側幅。

袋身表布
（背面）

袋身表布
（正面）

脇邊線

①對合脇邊線&底線。

②車縫。

底線

※袋身裡布作法亦同。

4.接縫袋身表布&袋身裡布。

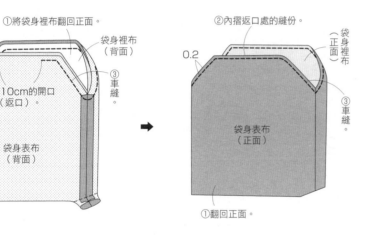

①將袋身裡布翻回正面。

②內摺返口處的縫份。

袋身裡布
（背面）

②使袋身表布&袋身裡布相疊合。

③車縫。

預留10cm的開口（返口）

袋身表布
（背面）

0.2

袋身裡布
（正面）

③車縫。

袋身表布
（正面）

①翻回正面。

6.完成！

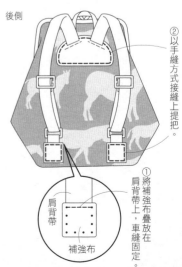

前側

30

21

12

5.裝接口金。

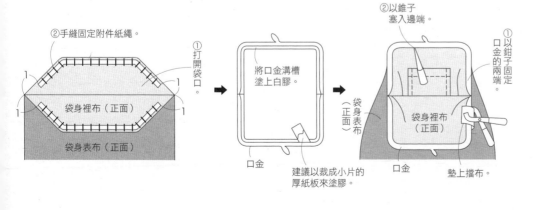

②手縫固定附件紙繩。

袋身裡布（正面）

袋身表布（正面）

①打開袋口。

將口金溝槽塗上白膠。

口金

建議以裁成小片的厚紙板來塗膠。

②以錐子塞入邊端。

①以鉗子固定口金的兩端。

袋身裡布（正面）

袋身表布（正面）

口金

墊上擋布。

後側

②以手縫方式接縫上提把。

①將補強布疊放在肩背帶上，車縫固定。

肩背帶

補強布

P.14 12
原寸紙型B面

材料		
表布（棉麻帆布）	110cm寬	100cm
裡布（棉布）	80cm寬	100cm
布襯	90cm寬	100cm
拉鍊A	43cm	1條
拉鍊B	79cm	1條
D形環（S22-28）	內徑3cm	2個
勾釦（S27-205）	內徑3cm	2個

-關於紙型-

◆使用原寸紙型B面12。

・使用的組件…袋身、口布、側幅、肩背帶、吊耳A・B。
・吊耳C・D無提供原寸紙型，以上皆為直線裁的組件，
　只需在布料上直接畫線＆裁剪即可。

-紙型・製圖-　▨（灰色的部分）請見原寸紙型。

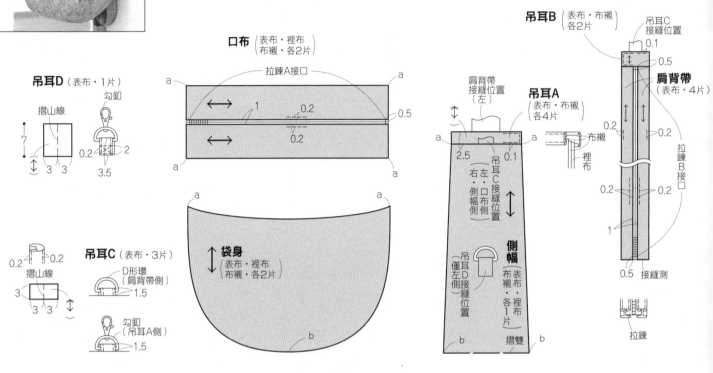

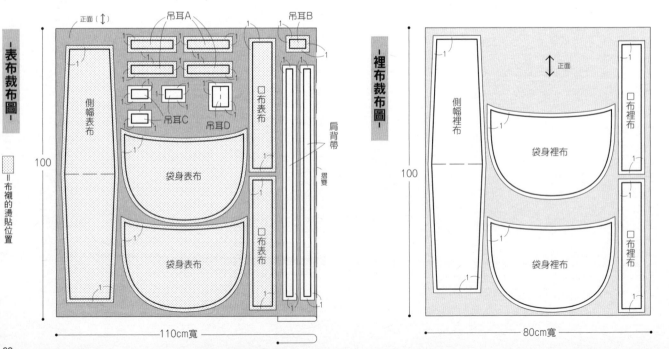

62

1.製作吊耳D。

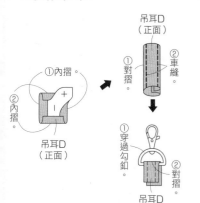

①內摺。
②內摺。
吊耳D（正面）

吊耳D（正面）
①對摺
②車縫。

①穿過勾釦。
②對摺
吊耳D（正面）

2.將吊耳D接縫於側幅表布上。

側幅表布（正面）
吊耳D（正面）
車縫

3.製作吊耳C。

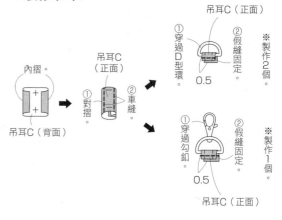

內摺。
吊耳C（背面）

吊耳C（正面）
①對摺
②車縫。

①穿過D型環。
②假縫固定。
0.5
※製作2個。

①穿過勾釦。
②假縫固定。
0.5
吊耳C（正面）
※製作1個。

4.製作肩背帶。

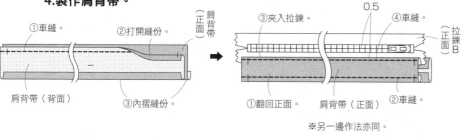

①車縫。
②打開縫份。
③內摺縫份。
肩背帶（背面）
肩背帶（正面）

③夾入拉鍊。
0.5
④車縫。
拉鍊B（正面）
①翻回正面。
②車縫
肩背帶（正面）
※另一邊作法亦同。

5.將吊耳B接縫於肩背帶上。

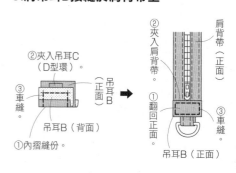

②夾入吊耳C（D型環）。
③車縫。
吊耳B（正面）
吊耳B（背面）
①內摺縫份。

②夾入肩背帶。
肩背帶（正面）
①翻回正面。
③車縫。
吊耳B（正面）

6.製作口布。

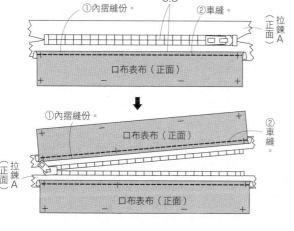

①內摺縫份。
0.5
②車縫。
拉鍊A（正面）
口布表布（正面）

①內摺縫份。
口布表布（正面）
②車縫。
拉鍊A（正面）
口布表布（正面）

7.接縫袋身表布&側幅表布。

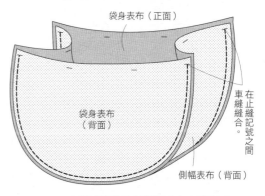

袋身表布（正面）
袋身表布（背面）
在止縫記號之間車縫縫合
側幅表布（背面）

※以相同作法車縫袋身裡布&側幅裡布。

8.將口布表布接縫於袋身表布上。

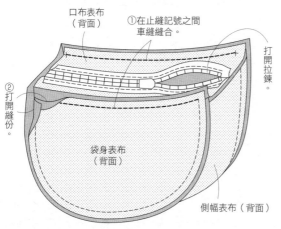

口布表布（背面）
①在止縫記號之間車縫縫合。
打開拉鍊。
②打開縫份。
袋身表布（背面）
側幅表布（背面）

9.摺製口布裡布。

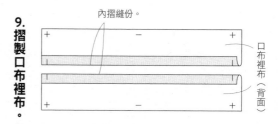

內摺縫份。
口布裡布（背面）

10.將口布裡布接縫於袋身裡布上。

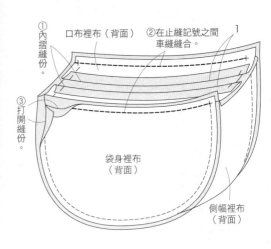

- ①內摺縫份。
- 口布裡布（背面）
- ②在止縫記號之間車縫縫合。
- ③打開縫份。
- 袋身裡布（背面）
- 側幅裡布（背面）

11.縫合袋身表布＆袋身裡布。

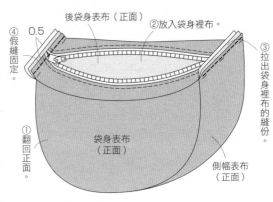

- 後袋身表布（正面）
- ②放入袋身裡布。
- ④假縫固定。
- 0.5
- ③拉出袋身裡布的縫份。
- ①翻回正面。
- 袋身表布（正面）
- 側幅表布（正面）

12.製作吊耳A。

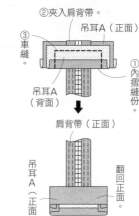

- ②夾入肩背帶。
- 吊耳A（正面）
- ③車縫。
- ①內摺縫份。
- 吊耳A（背面）

- 肩背帶（正面）
- 吊耳A（正面）
- 翻回正面。

- 吊耳A（正面）
- 再作一個不夾入肩背帶的吊耳。

13.將吊耳A・C＆肩背帶接縫於側幅表布上。

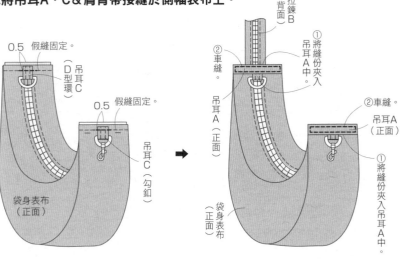

- 0.5 假縫固定。
- （D型環）吊耳C
- 0.5 假縫固定。
- 袋身表布（正面）
- 吊耳C（勾釦）
- 拉鍊B（背面）
- ②車縫。
- ①將縫份夾入吊耳A中。
- 吊耳A（正面）
- ②車縫。
- 吊耳A（正面）
- 袋身表布（正面）
- ①將縫份夾入吊耳A中。

14.接縫袋身裡布＆拉鍊布。

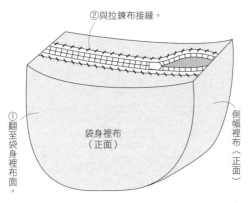

- ②與拉鍊布接縫。
- ①翻至袋身裡布面。
- 袋身裡布（正面）
- 側幅裡布（正面）

15.完成！

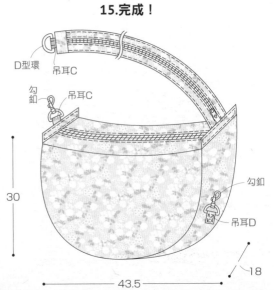

- D型環
- 吊耳C
- 勾釦
- 吊耳C
- 30
- 43.5
- 18
- 勾釦
- 吊耳D

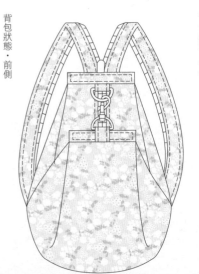

- 背包狀態・前側

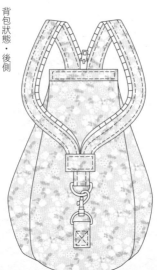

- 背包狀態・後側

材料		
表布（尼龍布）	110cm寬	110cm
全開式拉鍊	29cm	1條
雙摺式滾邊條	1.27cm寬	2m80cm
繩扣		2個
織帶	3cm寬	510cm
圓繩	粗1cm	150cm
D型環	內徑2.5cm	3個
勾釦	內徑3cm	4個
日型環	內徑3cm	2個

-紙關於紙型-

◆使用原寸紙型A面I7。

・使用的組件…袋身、口袋、口布、側幅。

・提把、吊耳、肩背帶無提供原寸紙型，
以上皆為直線裁的組件，只需在布料上直接畫線＆裁剪即可。

・提把等織帶類的裁布圖尺寸皆不含縫份，
請先外加口內標示數字尺寸的縫份，再加以裁剪。

-紙型・製圖-

（灰色的部分）請見原寸紙型。

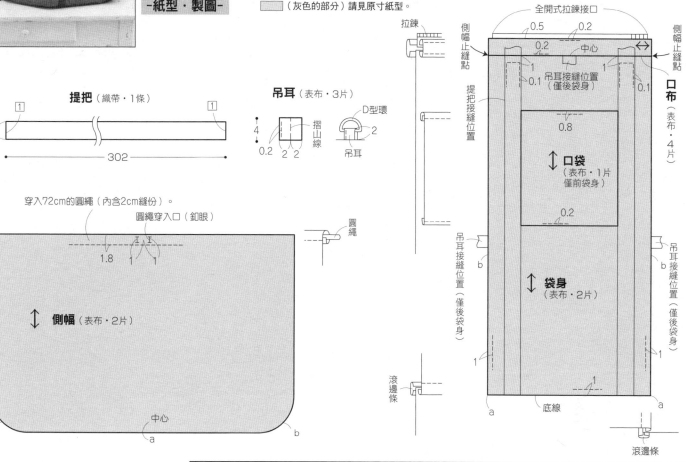

提把（織帶・1條）

1
3
302

吊耳（表布・3片）

摺山線
4
0.2
2 2
D型環
2
吊耳

穿入72cm的圓繩（內含2cm縫份）。
圓繩穿入口（釦眼）
圓繩
1.8 1 1

側幅（表布・2片）

中心
a
b
b

拉鍊
全開式拉鍊接口
0.5 0.2
側幅止縫點
0.2
中心
側幅止縫點
1 1
0.1 吊耳接縫位置（僅後袋身） 0.1

提把接縫位置
口布（表布・4片）
0.8

口袋（表布・1片 僅前袋身）
0.2

吊耳接縫位置（僅後袋身） b
袋身（表布・2片）
吊耳接縫位置（僅後袋身）

滾邊條
a 底線 a
滾邊條

肩背帶（織帶・2條）

勾釦
1.3
肩背帶
95
日型環
1
4
勾釦
3

-表布裁布圖-

側幅
3
口布 ↔ 正面
吊耳（3片）
口袋（1片）
2
袋身
1
摺雙
110
110cm寬

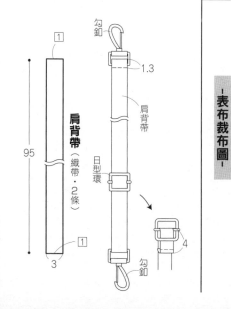
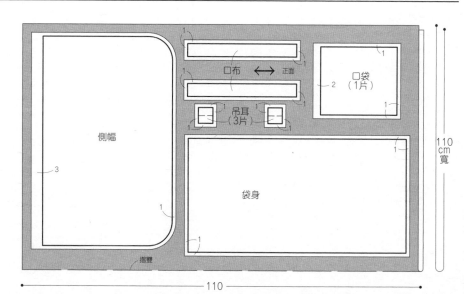

1.製作吊耳＆接縫於後袋身上。

吊耳（背面）　吊耳（正面）
②車縫。
①對摺。
內摺。

D型環
②假縫固定。
①穿過D型環。
0.5
吊耳（正面）

吊耳（正面）　0.5　假縫固定。

後袋身（正面）

吊耳（正面）　　　　吊耳（正面）

0.5　　　　　　　　0.5

假縫固定。　　　　　假縫固定。

※以相同方法製作3個。

2.製作口袋＆接縫於前袋身上。

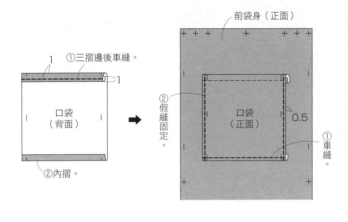

前袋身（正面）

①三摺邊後車縫。
1
1

口袋（背面）

②內摺。

②假縫固定。

口袋（正面）　0.5

①車縫。

3.縫合前・後袋身。

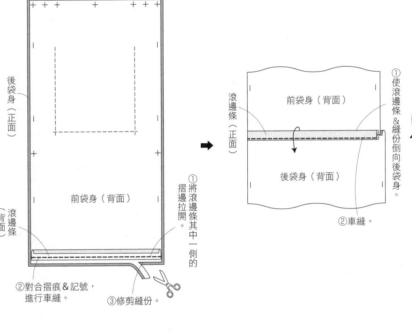

後袋身（正面）

前袋身（背面）

滾邊條（背面）

①將滾邊條其中一側的摺邊拉開。

②對合摺痕＆記號，進行車縫。

③修剪縫份。

滾邊條（正面）

前袋身（背面）

後袋身（背面）

②車縫。

①使滾邊條＆縫份倒向後袋身。

提把

前袋身（正面）

②車縫。

口袋（正面）

①內摺1cm。

對齊。

後袋身（正面）

4.將圓繩穿入側幅穿通口。

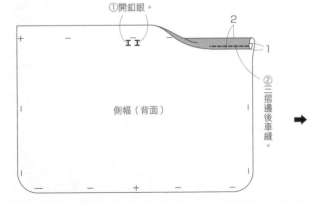

①開釦眼。
2
1
側幅（背面）
②三摺邊後車縫。

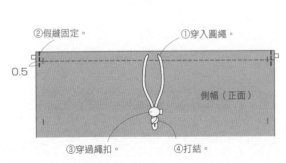

②假縫固定。
①穿入圓繩。
0.5
側幅（正面）
③穿過繩扣。　④打結。

5.接縫側幅＆袋身。

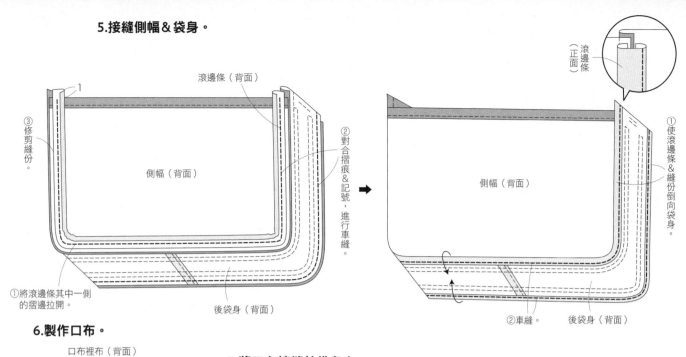

滾邊條（正面）

①使滾邊條＆縫份倒向袋身。

滾邊條（背面）

①
1

③修剪縫份。

側幅（背面）

②對合摺痕＆記號，進行車縫。

①將滾邊條其中一側的摺邊拉開。

後袋身（背面）

側幅（背面）

②車縫。　後袋身（背面）

6.製作口布。

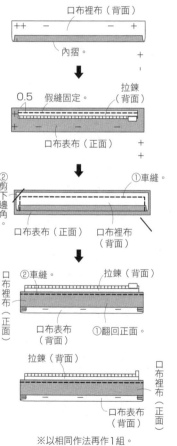

口布裡布（背面）

＋＋　－　　　－　　＋

內摺。　　　　＋

0.5　假縫固定。　拉鍊（背面）

＋　口布表布（正面）　＋　＋

②剪下邊角。　①車縫。

口布表布（正面）　口布裡布（背面）

②車縫。　拉鍊（背面）

口布裡布（正面）

口布表布（背面）　①翻回正面。

拉鍊（背面）

口布裡布（正面）

口布表布（背面）

※以相同作法再作1組。

7.將口布接縫於袋身上。

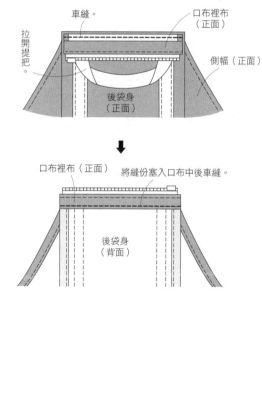

車縫。　口布裡布（正面）

拉開提把。

側幅（正面）

後袋身（正面）

口布裡布（正面）　將縫份塞入口布中後車縫。

後袋身（背面）

9.完成！

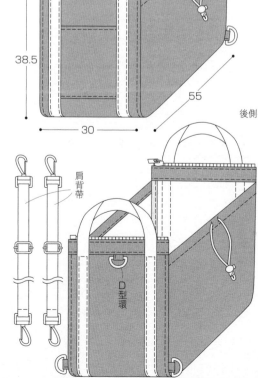

前側

38.5

55

30

後側

肩背帶

D型環

8.製作肩背帶。

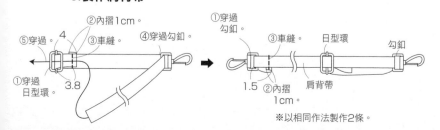

②內摺1cm。

⑤穿過。　4　③車縫。　④穿過勾釦。

①穿過日型環。　3.8

①穿過勾釦。

③車縫。　日型環　勾釦

1.5　②內摺1cm。　肩背帶

※以相同作法製作2條。

P.23 19

原寸紙型B面

材料		
表布（棉質牛津布）	110cm寬	60cm
裡布（棉布）	110cm寬	60cm
配布（聚酯纖維麂皮布）	50cm寬	20cm
布襯	90cm寬	80cm
織帶	3cm寬	160cm
拉鍊A	48.6cm	1條
拉鍊B	23cm	1條
口型環	內徑3cm	2個
日型環（AK-24-31 #S銀色）	內徑3cm	2個
豬鼻方標（BA-101 #17紫色）		1個

-關於紙型-

◆使用原寸紙型B面19。

· 使用的組件…前·後袋身、前·後側幅表布、前·後側幅裡布
　側身、裝飾布A·B、口袋上·下片、內口袋。

· 提耳、肩背帶、吊耳、肩背繩穿環無提供原寸紙型，
　以上皆為直線裁的組件，只需在布料上直接畫線&裁剪即可。

· 肩背帶等織帶類的裁布圖尺寸皆不含縫份，
　請先外加口內標示數字尺寸的縫份，再加以裁剪。

-紙型·製圖-

（灰色的部分）請見原寸紙型。

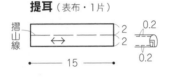

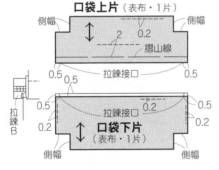

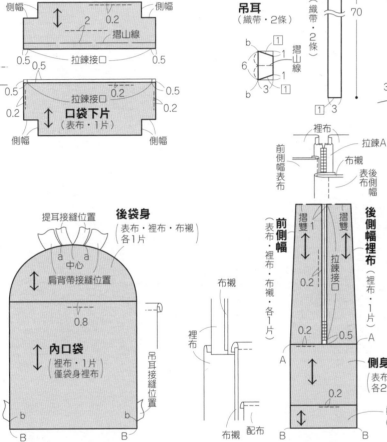

-作法-

※參見P.28作法。

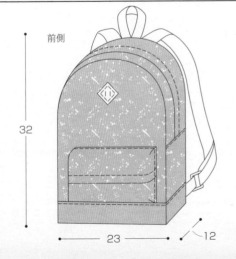

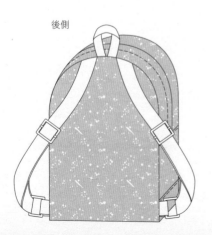

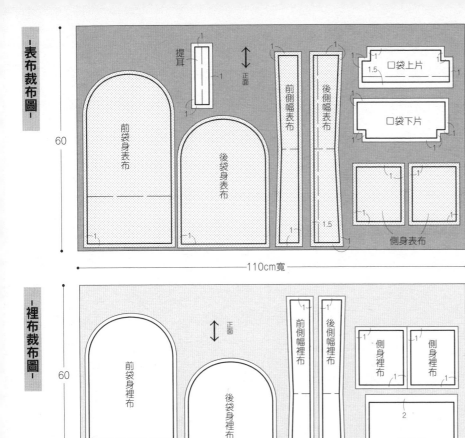

-表布裁布圖-

60

前袋身表布

後袋身表布

提耳

正面

前側幅表布

後側幅表布

口袋上片

口袋下片

側身表布

1.5

110cm寬

▨ =布襯的燙貼位置

-裡布裁布圖-

60

前袋身裡布

後袋身裡布

正面

前側幅裡布

後側幅裡布

側身裡布

側身裡布

內口袋

110cm寬

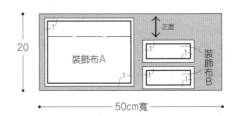

-配布裁布圖-

20

裝飾布A

裝飾布B

正面

50cm寬

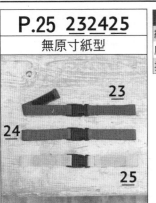

P.25 232425

無原寸紙型

23

24

25

材料（1個）		
織帶	2.5cm寬	60cm
魔鬼氈®	2.5cm寬	20cm
插扣（AK-73-25）	內徑2.5cm	1組

-製圖-

· 織帶裁布圖尺寸不含縫份，
　請先外加口內標示數字尺寸的縫份，再加以裁剪。

魔鬼氈　　插扣

右扣帶（織帶·1條）　　　　　**左扣帶**（織帶·1條）

魔鬼氈（內側）　魔鬼氈（內側）　　　　　　魔鬼氈（內側）　魔鬼氈（內側）

2　　　　　　　　　　2.3　3.5　　　3.5　2.3

0.8　　　　　　　　　　　　　　　　　　　　　　　　　　0.8

1　6　3　3　　3.5　　插扣　　插扣　3.5　6　3　3　6　1

22.5　　　　　　　　　　　22.5

摺山線　　　　　　　　　　　　摺山線

-作法-

3.完成！

1.製作左扣帶。

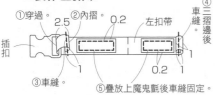

①穿過。　②內摺。　0.2　左扣帶　④車縫　三摺邊後
插扣　2.5
③車縫。　1　　0.2　1
⑤疊放上魔鬼氈後車縫固定。

2.製作右扣帶。

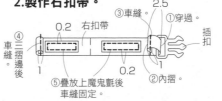

0.2　右扣帶　③車縫　2.5　①穿過。
④車縫　三摺邊後　插扣
②內摺。
1　0.2　1
⑤疊放上魔鬼氈後車縫固定。

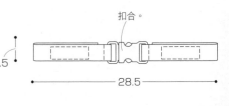

扣合

2.5

28.5

P.24 20
原寸紙型B面

材料		
表布（棉布）	110cm寬	80cm
布襯	90cm寬	80cm
底板（BS-01）	40cm×50cm	2片
織帶	2.2cm寬	30cm
雙面膠		適量

-關於紙型-

◆ 使用原寸紙型B面20。

・使用的組件…背面、口袋、保特瓶袋、側身、小口袋、
　正面、底部

・提把無提供原寸紙型。

・提把等織帶類的裁布圖未含縫份尺寸，
　請先外加口內標示數字尺寸的縫份，再加以裁剪。

-表布裁布圖-

▒ =布襯的燙貼位置

-紙型・製圖-

▒ （灰色的部分）請見原寸紙型。

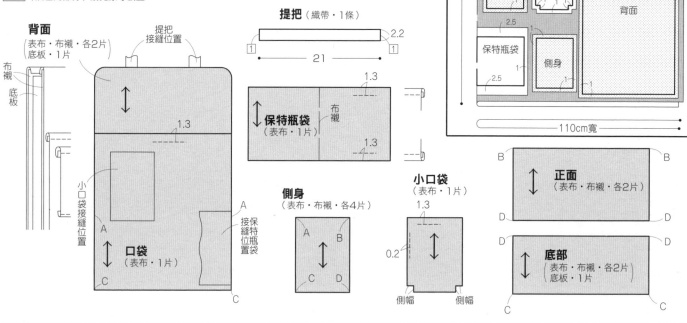

-作法-　※請先依裁布圖將布襯燙貼於指定組件上，再開始縫製。

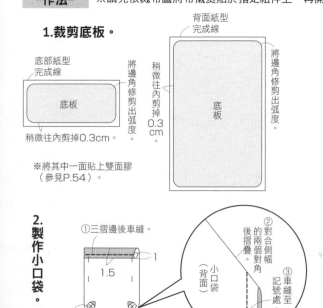

1.裁剪底板。

2.製作小口袋。

3.製作保特瓶袋。

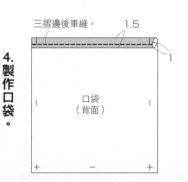

4.製作口袋。

5.將保特瓶袋＆小口袋接縫於口袋上。

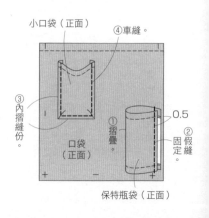

70

6.縫合正面・側身・底部。

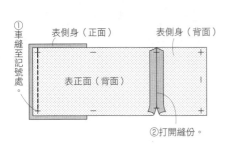

①車縫至記號處。
表側身（正面）
表側身（背面）
表正面（背面）
②打開縫份。

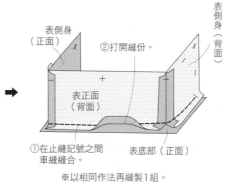

表側身（正面）
②打開縫份。
表側身（背面）
表正面（背面）
①在止縫記號之間車縫縫合。
表底部（正面）
※以相同作法再縫製1組。

6.縫合表&裡。

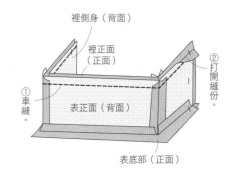

裡側身（背面）
裡正面（正面）
②打開縫份。
①車縫。
表正面（背面）
表底部（正面）

8.翻回正面並放入底板。

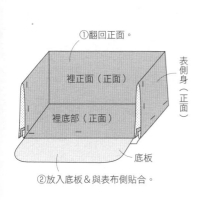

①翻回正面。
裡正面（正面）
表側身（正面）
裡底部（正面）
底板
②放入底板&與表布側貼合。

9.將提把&口袋接縫於背面。

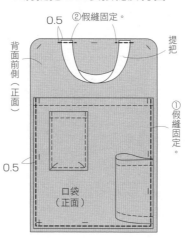

②假縫固定。
0.5
背面前側（正面）
提把
①假縫固定。
0.5
口袋（正面）

10.將側面&底面假縫固定於背面前側。

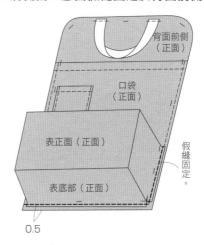

背面前側（正面）
口袋（正面）
表正面（正面）
假縫固定。
表底部（正面）
0.5

11.縫合背面。

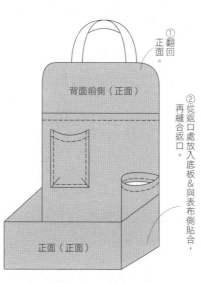

背面後側（背面）
車縫。
背面前側（正面）
預留23cm的開口（返口）。

12.翻回正面&放入底板後，縫合。

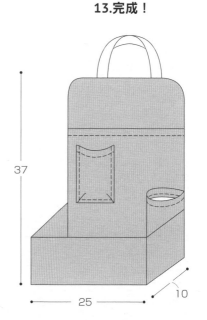

①翻回正面。
背面前側（正面）
②從返口處放入底板&與表布側貼合，再縫合返口。
正面（正面）

13.完成！

37
25
10

P.25 2122

原寸紙型B面

21 **22**

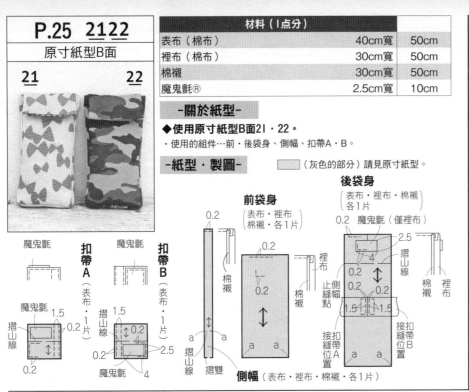

材料（1点分）		
表布（棉布）	40cm寬	50cm
裡布（棉布）	30cm寬	50cm
棉襯	30cm寬	50cm
魔鬼氈®	2.5cm寬	10cm

-關於紙型-

◆ 使用原寸紙型B面21・22。

・使用的組件…前・後袋身、側幅、扣帶A・B。

-紙型・製圖-

▨（灰色的部分）請見原寸紙型。

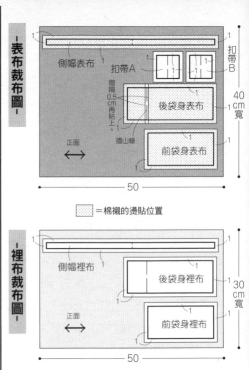

-表布裁布圖-

側幅表布　扣帶A　扣帶B

間隔0.5cm再貼上。

後袋身表布

摺山線

前袋身表布

40cm寬

50

▨＝棉襯的燙貼位置

-裡布裁布圖-

側幅裡布

後袋身裡布

前袋身裡布

正面

30cm寬

50

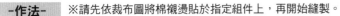

前袋身（表布・裡布・棉襯　各1片）

後袋身（表布・裡布・棉襯　各1片）

魔鬼氈（僅裡布）

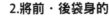

扣帶A（表布・1片）

扣帶B（表布・1片）

魔鬼氈　摺山線

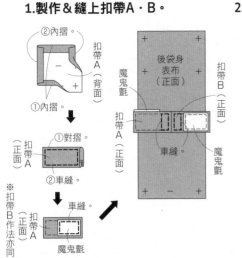

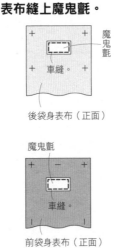

側幅（表布・裡布・棉襯・各1片）

-作法-

※請先依裁布圖將棉襯燙貼於指定組件上，再開始縫製。

1.製作＆縫上扣帶A・B。

②內摺。　扣帶A（背面）　①內摺。

①對摺。　扣帶A（正面）　②車縫。

※扣帶B作法亦同。

扣帶A（正面）　車縫。　魔鬼氈

後袋身表布（正面）　魔鬼氈　扣帶B（正面）　扣帶A（正面）　車縫　魔鬼氈

2.將前・後袋身的表布縫上魔鬼氈。

魔鬼氈　車縫　後袋身表布（正面）

魔鬼氈　車縫　前袋身表布（正面）

3.縫合袋身表布。

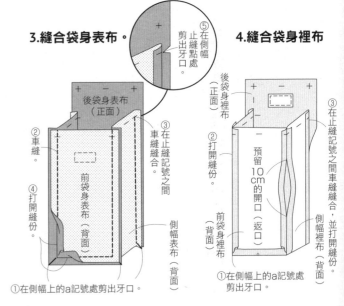

4.縫合袋身裡布

5.接縫袋身表布＆袋身裡布。

①將袋身表布翻回正面。

6.完成！

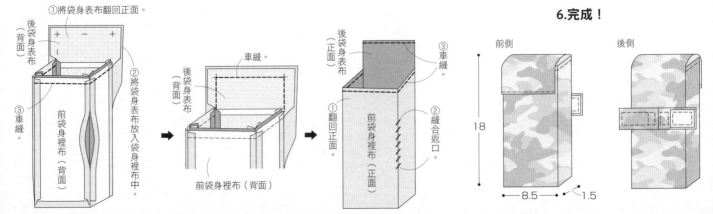

前側　18　8.5　1.5　後側

72

🧵 輕·布作 42

絕對找得到你想要的包款！
每日的後背包

作　　　者／BOUTIQUE-SHA
譯　　　者／廖紫伶
社　　　長／詹慶和
總　編　輯／蔡麗玲
執 行 編 輯／陳姿伶
編　　　輯／蔡毓玲・劉蕙寧・黃璟安・李佳穎・李宛真
執 行 美 編／韓欣恬
美 術 編 輯／陳麗娜・周盈汝
內 頁 排 版／造極
出　版　者／Elegant-Boutique新手作
發　行　者／悦智文化事業有限公司
郵 政 劃 撥 帳 號／19452608
戶　　　名／悦智文化事業有限公司
地　　　址／220新北市板橋區板新路206號3樓
電　　　話／(02)8952-4078
傳　　　真／(02)8952-4084
網　　　址／www.elegantbooks.com.tw
電 子 信 箱／elegant.books@msa.hinet.net

2018年3月初版一刷　定價320元

Lady Boutique Series No.4372
HOSHII KATACHI GA ZETTAI MITSUKARU MAINICHI RUCK
© 2017 Boutique-sha, Inc.
All rights reserved.
Original Japanese edition published in Japan by BOUTIQUE-SHA.
Chinese (in complex character) translation rights arranged with BOUTIQUE-SHA.
through KEIO CULTURAL ENTERPRISE CO., LTD.

經銷／易可數位行銷股份有限公司
地址／新北市新店區寶橋路235巷6弄3號5樓
電話／(02)8911-0825　傳真／(02)8911-0801

國家圖書館出版品預行編目(CIP)資料

每日的後背包 / BOUTIQUE-SHA著；廖紫伶譯.
-- 初版. -- 新北市：新手作出版：悦智文化發行，
2018.03
　面；　公分. -- (輕布作；42)
ISBN 978-986-96076-1-2(平裝)

1.手提袋 2.手工藝

426.7　　　　　　　　　　　　　107002174

Elegantbooks 以閱讀，享受幸福生活

輕·布作 06

簡單×好作！
自己作365天都好穿的手作裙
BOUTIQUE-SHA◎著
定價280元

輕·布作 07

自己作防水手作包&布小物
BOUTIQUE-SHA◎著
定價280元

輕·布作 08

不用轉彎！直直車下去就對了！
直線車縫就上手的手作包
BOUTIQUE-SHA◎著
定價280元

輕·布作 09

人氣No.1！
初學者最想作的手作布錢包A+
一次學會短夾、長夾、立體造型、L型、
雙拉鍊、肩背式錢包！
日本Vogue社◎著
定價300元

輕·布作 10

家用縫紉機OK！
自己作不退流行的帆布手作包
赤峰清香◎著
定價300元

輕·布作 11

簡單作×開心縫！
手作異想熊裝可愛
異想熊·KIM◎著
定價350元

輕·布作 12

手作市集超夯布作全收錄！
簡單可愛&實用的超人氣布
小物232款
主婦與生活社◎著
定價320元

輕·布作 13

Yuki教你作34款Q到不行的不織布雜貨
不織布就是裝可愛！
YUKI◎著
定價300元

輕·布作 14

一次解決縫紉新手的入門難題
初學手縫布作の最強聖典
高橋惠美子◎著
定價350元

輕·布作 15

手縫OK的可愛小物
55個零碼布驚喜好點子
BOUTIQUE-SHA◎著
定價280元

輕·布作 16

零碼布×簡單作——繽紛手縫系可愛娃娃
I Love Fabric Dolls
法布多的百變手作遊戲
王美芳·林詩齡·傅琪珊◎著
定價280元

輕·布作 17

女孩的小優雅·手作口金包
BOUTIQUE-SHA◎著
定價280元

輕·布作 18

點點·條紋·格子(暢銷增訂版)
小白◎著
定價350元

輕·布作 19

可愛ろ乁！
半天完成的棉麻手作包×錢包
×布小物
BOUTIQUE-SHA◎著
定價280元

輕·布作 20

自然風穿搭最愛的39個手作包
BOUTIQUE-SHA◎著
定價280元

輕·布作 21

超簡單×超有型－自己作日日都
好背的大布包35款
BOUTIQUE-SHA◎著
定價280元

輕·布作 22

零碼布裝可愛！超可愛小布包
×雜貨飾品×布小物
最實用手作提案CUTE.90
BOUTIQUE-SHA◎著
定價280元

輕·布作 23

俏皮&可愛·so sweet！愛上零
碼布作的41個手縫布娃娃
BOUTIQUE-SHA◎著
定價280元

雅書堂　新手作
雅書堂文化事業有限公司
22070新北市板橋區板新路206號3樓
facebook 粉絲團:搜尋 雅書堂
部落格 http://elegantbooks2010.pixnet.net/blog
TEL:886-2-8952-4078 ・ FAX:886-2-8952-4084

輕・布作 24

簡單×好作
初學35枚和風布花設計
福清◎著
定價280元

輕・布作 25

從基本款開始學作61款手作包
自己輕鬆作簡單&可愛的收納包
BOUTIQUE-SHA◎著
定價280元

輕・布作 26

製作技巧大破解!
一作就愛上的可愛口金包
日本ヴォーグ社◎授權
定價320元

輕・布作 28

實用滿分・不只是裝可愛!
肩背&手提ok的大容量口金包
手作提案30選
BOUTIQUE-SHA◎授權
定價320元

輕・布作 29

超圖解!
個性&設計感十足的94枚可愛
布作徽章×別針×胸花×小物
BOUTIQUE-SHA◎授權
定價280元

輕・布作 30

簡單・可愛・超開心手作!
袖珍包兒×雜貨的迷你布作小
世界
BOUTIQUE-SHA◎授權
定價280元

輕・布作 31

BAG & POUCH・新手簡單作!
一次學會25件可愛布包&波奇
小物包
日本ヴォーグ社◎授權
定價300元

輕・布作 32

簡單才是經典!
自己作35款開心背著走的手作布
BOUTIQUE-SHA◎授權
定價280元

輕・布作 33

Free Style!
手作39款可動式收納包
看波奇包秒變小錢包、包中包、小提包、
斜背包⋯⋯方便又可愛!
BOUTIQUE-SHA◎授權
定價280元

輕・布作 34

實用感最高!
設計感滿點的手作波奇包
日本VOGUE社◎授權
定價350元

輕・布作 35

妙用墊肩作的37個軟Q波奇包
2片墊肩→1個包,最簡便的防撞設
計!化妝包・3C包最佳選擇!
BOUTIQUE-SHA◎授權
定價280元

輕・布作 36

非玩「布」可!挑喜歡的布,作
自己的包
60個簡單 & 實用的基本款人氣包&布
小物。開始學布作的60個新手練習
本橋よしえ◎著
定價320元

輕・布作 37

NINA娃娃的服裝設計80+
獻給娃媽們～享受換裝、造型、扮演
故事的手作遊戲
HOBBYRA HOBBYRE◎著
定價380元

輕・布作 38

輕便出門剛剛好的人氣斜背包
BOUTIQUE-SHA◎授權
定價280元

輕・布作 39

這個包不一樣!幾何圖形玩創意
超有個性的手作包27選
日本ヴォーグ社◎授權
定價320元

輕・布作 40

和風布花的手作時光
從基礎開始學作和風布花的
32件美麗飾品
かくた まさこ◎著
定價320元

輕・布作 41

玩創意!自己動作的
可愛又實用的
71款生活感布小物
BOUTIQUE-SHA◎授權
定價320元